調味料保存と使い切りのアイデア帖

はじめに

この本は、
『野菜保存のアイデア帖』と
『肉・魚・加工食品保存のアイデア帖』の続編、
調味料に関する保存と使い切りのアイデア本です。

調味料は手軽に料理の味を調えて、
時短調理にもひと役買ってくれますが、
「気づいたら期限切れ…。」「いつ開けたたっけ？」
「開封後の保存場所が分からない…」
「うまく使いこなせない」などといった、多くの悩みを抱えがち。

みなさんが抱える悩みを少しでも解決できるように、
それぞれの調味料に適した保存のコツに加え、
最後まで使い切るためのレシピやアイデアを
たっぷりと盛り込みました!!

この一冊が食材のムダをなくし、
毎日の料理作りがラクになる手助けになればうれしいです。

島本美由紀

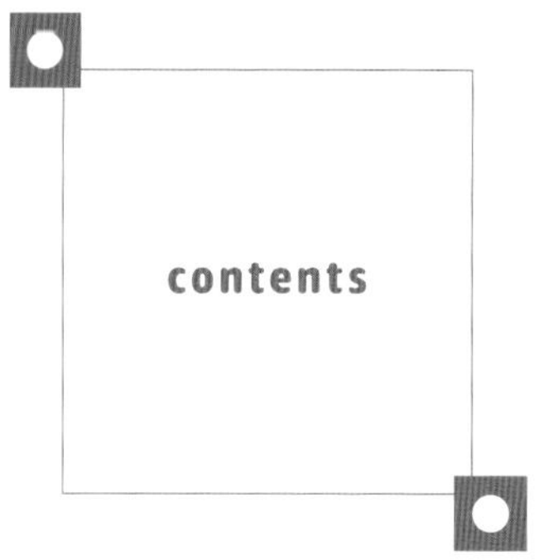

contents

この本の使い方

目次（P2～3）やインデックス（P126～127）を参照して、調味料を調べて活用してください。保存期間はあくまでも目安です。季節や住環境、気温などの条件によって変わることがあります。

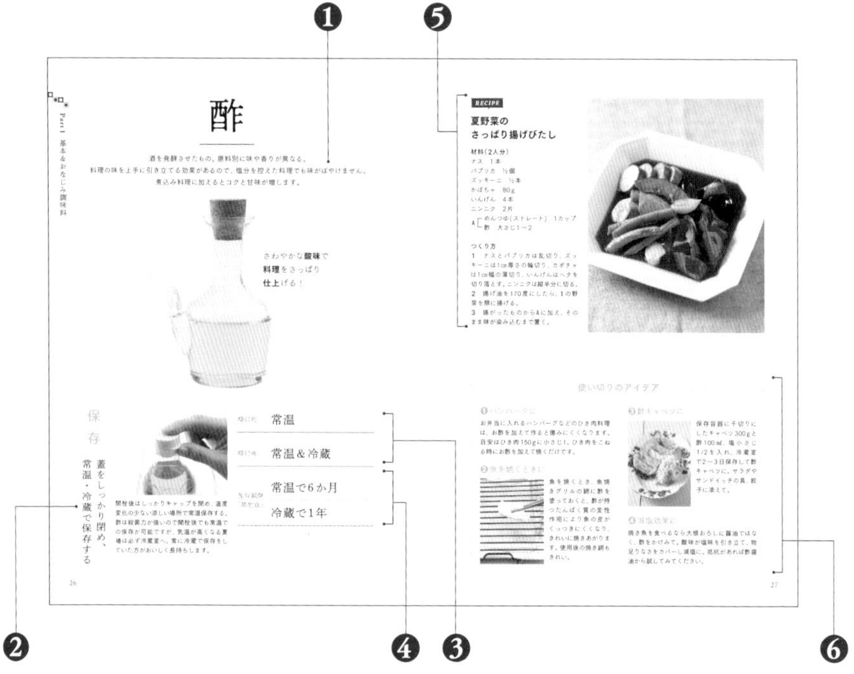

❶特徴

特徴や使い方を紹介しています。

❷保存方法

適した保存方法を紹介しています。

❸保存場所

開封前、開封後に適した保存場所を紹介しています。

❹保存期間

開封後の保存期間を表示しています。

❺RECIPE

調味料を活用したおすすめレシピを紹介しています。

❻使い切りのアイデア

最後まで使い切るためのアイデアやコツを紹介しています。

種類

調味料の種類、特徴を紹介しています。

MEMO

ちょっとしたワザを紹介しています。

お家で簡単に作れる
手作り調味料レシピも紹介しています。

❶保存期間

保存期間を表示しています。

❷材料とつくり方

材料とつくり方を紹介しています。

❸つくり方のコツ

つくり方のコツを写真で紹介しています。

❹アレンジRECIPE

手作り調味料を使ったアレンジレシピを紹介しています。

レシピについて

- 材料は2人分が基本ですが、1人分や作りやすい分量で表示してあるものもあります。
- 小さじ1＝5㎖、大さじ1＝15㎖です。
- 電子レンジの加熱時間は600Ｗ。500Ｗの場合は1.2倍にしてください。オーブントースターの加熱時間は1000Ｗ。どちらも機種によって加熱時間には多少差があるので、様子を見て調整してください。

食品ロスの現状

最近よく耳にするこの「食品ロス（フードロス）」という言葉。
みなさんは知っていましたか？　ぜひここで「食品ロス」という言葉を理解し、
最後まで食べ切ることの大切さを学んでいきましょう。

食品ロスとは？

まだ食べられるのに廃棄される（捨ててしまう）食品のこと。
※バナナの皮や魚の骨などは含みません。

日本国内の食品ロス

日本国内の食品ロスは、推定で年間約621万トン（2017年度）。これは世界中で飢餓に苦しむ人々に向けた世界の食糧援助量の約2倍にあたり、日本国民一人あたりに換算すると、毎日〝お茶碗約1杯分の食べもの〟を捨てている計算になります。家庭においては、食品ロス全体の約半数にあたる284万トン（2017年度）。お金に換算すると、年間一人あたり約22,000円というリサーチ結果が、横浜市の試算により出ています。

家庭からの食品ロスの主な原因

冷蔵庫に入れたままで
調理されなかった
「直接廃棄」

作りすぎなどで
食べ残された
「食べ残し」

調理の際に
食べられる部分を過剰に捨てる
「過剰除去」など

「直接廃棄」で最も多いのは、生鮮野菜や大豆加工品、調味料や牛乳＆乳製品。大阪府「家庭の食品ロス実態調査」では、廃棄する食品は「調味料」と「生鮮野菜」で5割を超える結果に。調味料は購入量の約⅓以上が捨てられているそうです。

食エコ研究所
LABORATORY OF SYOKU-ECO

調味料の保存や使い切りのコツが分かると、家庭からの食品ロスも減らしていけますよ！

一般社団法人「食エコ研究所」より
https://www.syokueco.com/

消費期限と賞味期限の違いを知る

期限表示には「消費期限」と「賞味期限」があり、
食品にはどちらかの期限表示が義務付けられています。

消費期限

→期限を過ぎたら食べない方がいい

だいたい5日以内に悪くなる食品に表示されている。書かれている保存方法を守り、その日付までに消費したほうがよいもので、食べても安全な期限のこと。期限を過ぎたら食べないようにする。例：肉や魚、お弁当、おにぎり、サンドイッチ、ケーキ、お惣菜など。

賞味期限

→おいしく食べることのできる期限のこと

消費期限に比べて傷みが遅い食品に表示されている。開封前で書かれている保存方法を守っていれば、品質が変わらずにおいしく食べられる期限のこと。この期限を過ぎても、すぐに食べられなくなるわけではありません。例：缶詰や調味料、ジュースや牛乳、スナック菓子など。ただし開封後は期限に関係なく、なるべく早めに食べ切ることを心がけましょう。

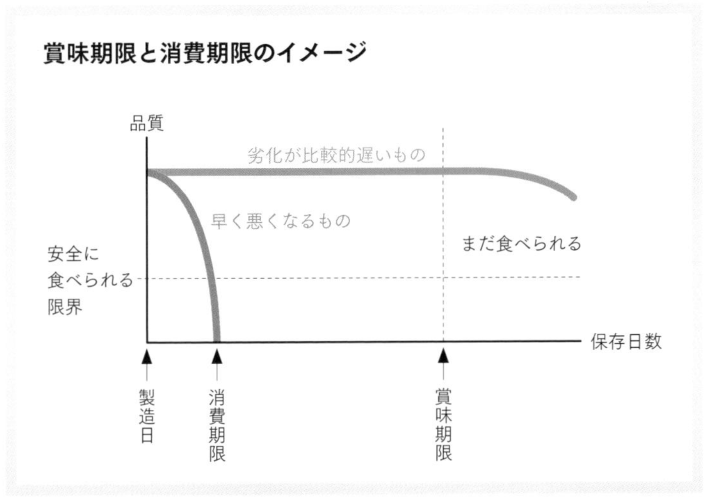

それぞれの食品に適した保存場所を知る

食品には、それぞれに適した保存場所が表示してあります。
購入した調味料に「冷暗所で保存する」と書いてあったら、
どこで保存するのが正しいか知っていますか？
食品に表示されている保存場所と温度を理解しましょう。

「常温」とは？

15℃〜25℃

15℃〜25℃を指し、直射日光の当たらない風通しのよい場所のことをいう。基本的には冷蔵庫に入れなくてもよい食品に表示されていますが、夏場などはそれ以上の温度になってしまうので傷みが早くなります。梅雨や夏の時期は冷蔵庫に移動するなど、季節によって保存場所を変えていくことも必要です。

「冷暗所」とは？

14℃以下

14℃以下を指し、温度が一定で日の当たらない涼しい場所のことをいう。一軒家の場合だと台所の床下、マンションの場合だと玄関が冷暗所にあたります。住居スペースが狭く床下収納やスペースの確保が難しい場合は、冷蔵庫の冷蔵室や野菜室を利用しましょう。設定温度は3℃〜8℃程度で、開けていないときの庫内は真っ暗なので、どちらも冷暗所として利用できます。

「要冷蔵」とは？

10℃以下

「要冷凍」とは？

−15℃以下

冷蔵庫の温度と特徴を知る

冷蔵庫は食品の保存や鮮度を保つため、部屋ごとに温度設定されています。
各部屋の特徴を知ることで、食品を効率よく保存できます。

冷蔵室

3～6℃

すぐに使うもの、よく使うものを低温保存する場所。上段より下段、手前より奥の温度が1～2℃低い。

ドアポケット

冷蔵室よりやや高め

冷気が届きにくく、ドアの開閉による温度変化もあるので、冷蔵室より温度がやや高めに。調味料や飲み物など、温度変化に強い食品の保存がおすすめ。

チルド室

0～2℃

生鮮食品を保存しておく場所。冷蔵室よりも低温が維持され、鮮度保持効果も高く、扉のおかげで冷気も逃げにくい。発酵や熟成なども防いでくれる。

野菜室

5～8℃

野菜、果物全般を保存しておく場所。冷蔵室に比べて温度と湿度が少し高めになるが、乾燥はするので保存袋などを利用して保存する。

冷凍室

－20℃～－18℃

食材を冷凍して長期間保存する場所。左右開きの冷蔵室に比べて、引き出し式は冷気が逃げにくいといわれている。

※位置や設定温度は機種やメーカーによって多少異なります。

調味料を最後まで使い切るコツ

残りがちな調味料を最後まで使い切るには、5つのコツがあります。
このコツを実践することで、捨てる罪悪感から解放され、節約にもつながりますよ。

1 保存場所を見直してみる

開封前は常温保存でも、開封したら冷蔵庫に移すなど、調味料にはそれぞれに適切な保存場所があります。保存場所を見直して風味やおいしさがキープできれば、保存期間を延ばすことができます。

2か月後の七味唐辛子で比較

同じ日に開封した七味唐辛子を常温と冷蔵に置き、
どちらも普段使いをして保存実験してみました。
保存場所で実はこんなに差が出ます！

↓
常温保存

常温保存をしていた七味唐辛子は、購入したときよりも唐辛子が薄く変色し、鮮やかさがない。辛さは残るものの、香りが弱い。

↓
冷蔵保存

冷蔵保存をしていた七味唐辛子は、購入したときと変わらず、唐辛子は赤く鮮やかさをキープ。風味もしっかりと残っている。

2 調味料に開封日を書く

「いつ開けた？」をなくすためにも、調味料には「開封日」を書くようにしましょう。日付を書くのは、たまにしか使わない調味料だけでＯＫ。早く使い切ろうという意識が生まれ、管理がしやすくなります。

3 小さいサイズを選ぶ

頻繁に使わない調味料は、大きなものがどんなにお得でも小さいサイズのものを買いましょう。多少割高でも小さいものを買っておいしいうちに使い切ることが、結果的にお得な場合もあります。

4 アレンジを楽しむ！

ドレッシングはサラダにかけるもの、焼肉のタレは肉料理に使うもの。そう決めつけていませんか？　例えばジャムをしょうが焼きの下味に使うなど、アレンジを楽しむことで調味料を使うことが楽しくなります。

5 買わずに作ってみる

市販の調味料は手軽で便利ですが、時間があれば手作りしてみてはいかがでしょうか？　多少手間はかかるものの、自分好みの味に調整できるし、少量で作れるのでムダも出にくいですよ。

memo

調味料から献立を立ててみよう！

肉や魚などのメイン食材から献立を立てていると、調味料の使い切りは難しいかも。月に1度でもいいので、意識をして調味料から献立を考える日を作りましょう!!

調味料保存のアイテム

調味料保存に揃えておくと便利なグッズをご紹介します。

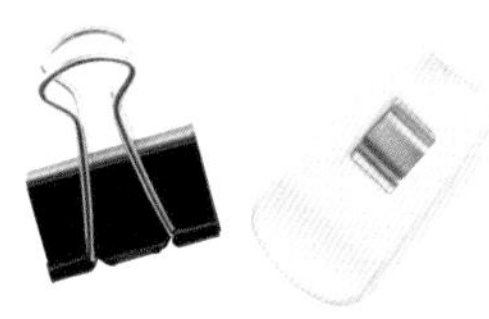

クリップ

開封した袋の口をしっかり留められるので、輪ゴムよりもおすすめ。

シールやテープ

開封日を書いて調味料に貼れるので、使い忘れが防止できます。

保存袋

冷蔵＆冷凍保存に便利な保存袋。乾燥や冷気から守ってくれます。

保存瓶

密閉保存ができるので、自家製の調味料作りに便利。

保存容器

作り置き調味料を冷蔵庫でスッキリ保存できるので便利。

ペットボトルの空き容器

チューブ類の保存に便利。切り口にはマスキングテープを貼って！

トレイ

奥に入り込んでしまう調味料をトレイにまとめれば、迷子になりにくい。

調味料ポケット

散らばってしまう小袋調味料をひとまとめ。100円ショップで購入可能。

Part 1

毎日の料理で活躍！

「基本&おなじみ調味料」26種類

砂糖

「さとうきび」や「てんさい」から作られる甘味料のことで、加工の仕方により、色や風味が異なる。砂糖に多く含まれるブドウ糖は、脳のエネルギー源。適度に摂取することで脳が元気になります。

料理に**甘**みやコクをプラスしてくれる!!

保存

密閉容器に入れ常温で保存する

開封したら密閉容器に入れ、温度変化の少ない涼しい場所で常温保存します。砂糖はニオイを吸収しやすいので、容器に入り切らなかった砂糖は袋の口を閉じ、保存袋に入れて保存しましょう。ちなみに砂糖は水分がほとんどないので、砂糖の中で虫が湧くことはありません。

開封前	常温
開封後	常温
保存期間（開封後）	無期限

RECIPE

丸ごとトマトの コンポート

材料（2人分）
トマト　2個
ミント　適宜
A［水　500mℓ
　 砂糖　60g

つくり方
1　鍋に湯を沸かし、トマトをゆでる。皮が少しむけてきたら冷水にとって皮をむき、ヘタをくりぬく。
2　鍋にAを入れ火にかけ、沸騰したら1を入れ弱火で3分ほど煮る。
3　火を止めてそのまま冷まし、粗熱が取れたら冷蔵庫で冷やす。
4　器に盛り、あればミントを飾る。

使い切りのアイデア

❶悪魔トーストに

食パンにピザ用チーズを1枚のせ、砂糖をたっぷりとふりかけてからトーストすれば、甘じょっぱい組み合わせがクセになる、人気の「悪魔トースト」の完成です。

❷中華ダレに

市販のポン酢大さじ1に砂糖小さじ1を混ぜるだけで、本格的な中華ダレのベースに。お好みで、ごま油、ラー油、ねぎのみじん切りなどを加えて餃子や唐揚げにかけて！

❸レンジでジャム作り

耐熱ボウルにいちご200gと砂糖100g、レモン汁小さじ1を入れて軽く混ぜ、10分置く。ラップをかけずに電子レンジで5分ほど加熱すれば、手作りジャムの完成です。

❹味噌汁にちょい足し

味噌を溶く前に隠し味程度でよいので、砂糖を少量加えると甘みとコクがプラスされます。三温糖や黒砂糖、きび砂糖でもOK。意外な組み合わせですがおいしいですよ。

【 砂糖の種類 】

上白糖

原料から不純物やミネラルを取り除いて作るため、風味にクセがなく粒子が細かくしっとり。幅広い料理に使える。

三温糖

上白糖を作るときに残る糖液を煮詰めたもので、色は薄茶。煮詰めると甘みが強くコクが増すので煮物料理におすすめ。

きび砂糖

完全には精製されていないので、さとうきびの風味とミネラルが活きている。まろやかな甘さと風味に加え、コクもある。

グラニュー糖

上白糖に比べて淡白な甘みでクセがなく、粒が大きくてさらさら。焼き色が一定に仕上がるので焼き菓子に向いている。

黒砂糖

さとうきびの搾り汁をそのまま煮詰めたもの。他の砂糖に比べてミネラルをたっぷりと含み、独特の風味とコクがある。

てんさい糖

てんさいという植物から作られた砂糖で、まろやかな甘みでクセがない。上白糖とカロリーは同じだがミネラルが豊富。

MEMO

固まった砂糖をサラサラにする裏ワザ

砂糖が固まってしまう原因は乾燥なので、密閉容器に固まった砂糖と、ちぎった食パンを一緒に入れてひと晩置けばサラサラに。適度な水分を与えることで元に戻ります。もしくは、砂糖容器のフタの下に、濡らして絞ったペーパータオルを挟んでひと晩置いてもOK。砂糖がほぐれたらパンやペーパーは取り出してください。

塩

塩味をつける調味料。塩化ナトリウムを主な成分とし、
海水の乾燥や岩塩の採掘によって生産される。味を調えておいしさを決めるだけでなく、
脱水作用で食材の臭みを取り保存性を高めてくれます。

料理にも**体**にも
必要不可欠な**調味料**！

保存

密閉容器に入れ常温で保存する

開封したら密閉容器に入れ、温度変化の少ない涼しい場所で常温保存します。せんべいや海苔を買うと一緒に入っている乾燥剤を入れておくと、固まり防止になります。また、塩は湿気を吸収しやすいので、容器に入り切らなかったら袋の口を閉じ、保存袋に入れて保存を！

開封前	常温
開封後	常温
保存期間（開封後）	無期限

RECIPE

豚肉とキャベツのあっさり塩鍋

材料(2人分)

豚バラ薄切り肉　100g
キャベツ　¼個
長ねぎ　1本
A
- だし汁　400mℓ
- みりん　大さじ1と½
- 酒　大さじ½
- 塩　小さじ⅔
- にんにく(薄切り)　1片分
- 赤唐辛子(小口切り)　1本分

つくり方

1　豚肉とキャベツはひと口大に切り、長ねぎは斜め薄切りにする。
2　鍋にAを入れて中火にかけ、沸騰したら豚肉を入れアクを取る。
3　キャベツとねぎを加え、野菜に火が通るまで煮る。

使い切りのアイデア

❶つけ塩(変わり塩)に

お好みのスパイスと塩を混ぜ、天ぷらや唐揚げ、豆腐やお刺身に添えるつけ塩に。カレー粉、ゆかり、粉山椒、バジル、パセリ、クミンなど。ココアもおいしいですよ。

❷ココアにちょい足し

甘いホットココアに塩をひとつまみちょい足しするだけで、まろやかなのにコクや深みが加わります。ミルクココアやアイスココアにも、塩のちょい足しがおすすめです。

❸乳酸発酵漬けに

野菜100gに対して、水200mℓ+塩小さじ1が基本。密閉容器に食べやすく切った野菜を入れて塩水を注ぎ、蓋をずらしてのせ、室温に2〜3日ほど置いてから冷蔵庫へ。

❹塩おにぎりに

お弁当の定番、塩おにぎり。おいしく作るコツは、茶碗1杯のごはんに対して、ひとつまみ(指3本で塩をつまむこと)の塩加減。つまんだ塩を両手に広げてごはんを握りましょう。

【 塩の種類 】

海塩

海水から作る塩のことで、塩田で海水の水分を蒸発させてから塩の結晶を作る天日塩と、濃い海水を煮詰めて作る平釜塩がある。

食塩と食卓塩の違い

食塩：一般的に広く使われている海水を使用した塩のことで、塩化ナトリウムだけでできているので塩辛い。幅広い料理に使える。

食卓塩：海外産の天日塩を溶かし、固まらないように炭酸マグネシウムを加えた塩。塩辛さにうまみが含まれている。

岩塩

海水が地下に入り込み、長い時間をかけてできた岩塩層。鉱物と同じように採掘され、岩のような形で産地や地層によって色が異なり、うまみが強い。

湖塩

死海やウユニ塩湖など、塩湖と呼ばれる塩水の湖で採取・製造される塩。煮込みには粗めのもの、料理の仕上げには粒状のサラサラとしたものを使う。

MEMO

固まった塩をサラサラにする裏ワザ

塩が固まってしまう原因は湿気。固まった塩をフライパンに入れ、乾煎りすればサラサラな状態に戻ります。もしくは固まった塩を耐熱皿に並べ、ラップをしないで電子レンジ（600W）で30秒ほど加熱し、粗熱が取れてからほぐしてもOKです!

味噌

大豆や米、麦などの穀物に、塩と麹を加えて作られた日本を代表する発酵食品のひとつ。
発酵によるうまみや香りが特徴で栄養豊富。
基礎調味料である「さしすせそ」の「そ」にあたります。

栄養豊富な大豆発酵食品！

保存

表面をラップで覆い冷蔵・冷凍保存する

開封後はおいしさを保つために冷蔵もしくは冷凍で保存しましょう。味噌は冷凍しても凍らないので、出せばそのまま使え品質も保てます。味噌の表面の乾きと酸化を防止するため、付属のシートかラップでぴったりと覆い、空気にふれないようにしてから蓋をしましょう。

開封前	冷蔵
開封後	冷蔵・冷凍
保存期間（開封後）	冷蔵で3か月
	冷凍で1年

RECIPE

豚厚切り肉の
ヨーグルト味噌漬け

材料(2人分)

豚肩ロース厚切り肉　2枚
キャベツ(千切り)　適量
トマト(くし形)　適量
A［プレーンヨーグルト　大さじ3
　 味噌　大さじ3

つくり方

1　豚肉は筋を切ってポリ袋に入れ、よく混ぜ合わせたAを加えてもみ、冷蔵庫でひと晩漬ける。
2　魚焼きグリルに、軽くタレをぬぐった1をのせ、中火で7〜8分焼く。
3　食べやすく切って器に盛り、キャベツ、トマトを添える。

使い切りのアイデア

❶はちみつと混ぜディップに

味噌大さじ2とはちみつ大さじ1を混ぜて、万能ソースに！ 野菜スティックやゆで野菜のディップとして添えたり、こんにゃくや焼いた厚揚げにつけていただいたりしても。

❷ミートソースの隠し味に

ミートソースを作るときに小さじ1〜2の味噌を隠し味に加えると、コクがUP。味噌は洋食とも相性がいいので、カレーやデミグラスソースとも相性抜群。ぜひお試しを！

❸チーズの味噌漬け

ポリ袋に食べやすく切ったチーズを入れ、味噌大さじ3とみりん大さじ2を混ぜ合わせたものを加えひと晩置く。プロセスチーズやクリームチーズ、モッツァレラがおすすめ。

❹マヨネーズと混ぜて

マヨネーズ大さじ1に味噌大さじ½を混ぜ、魚の切り身に塗ってグリルやトースターで焼くだけ。輪切りにした玉ねぎや茄子、厚揚げに塗って焼いてもおいしいですよ。

【味噌の種類】

米味噌

蒸した大豆に米麹、塩を加えて造る味噌のことで、国内生産量の80％を占め、全国各地で生産されている。色や味から様々な種類に分けられる。

麦味噌

蒸した大豆に麦麹、塩を加えて造る味噌のことで、九州、四国、中国地方が主な産地。バランスが取れた奥深い味わいで、田舎味噌とも呼ばれている。

豆味噌

蒸した大豆と塩のみで造られる味噌のことで、東海三県が主な産地。他の味噌と違い、煮込めば煮込むほどおいしくなる。代表的なものに八丁味噌がある。

MEMO

袋入り味噌の上手な移し方

袋入り味噌は、袋の上下を切って持ち上げるだけで気持ちよく落とせます。まず、味噌の袋の上を切って容器に入れ、続いて袋の下を切ってゆっくり持ち上げると、ツルンと味噌が抜け落ちるので、味噌が袋に残らずきれいに移せます。今度の詰め替えのときに、ぜひ試してみて！

醤油

日本を代表する発酵食品のひとつ。
材料は大豆・小麦・塩の3つで、微生物による発酵によって造られます。
発酵により生まれたうまみや香りが特徴で、和・洋・中などの幅広い料理に合う万能調味料。

日本を代表する万能調味料!!

保存

開封後は必ず冷蔵庫で保存する

醤油は種類や容器にかかわらず、開栓後はしっかりキャップを閉めて冷蔵保存します。醤油は色が黒くなり風味が落ちてくるので、開栓したらなるべく早めに使い切りましょう。1週間くらいで使う分だけ、醤油差しに移し替えて使っても。

開封前	常温
開封後	冷蔵
保存期間（開封後）	2か月

RECIPE

ぶりとれんこんの ガーリック照り焼き

材料(2人分)

ぶり　2切れ
れんこん　4cm
小麦粉　適量
ごま油　大さじ1
大葉　2枚
A
- 醤油　大さじ1と½
- 酒　大さじ1と½
- 砂糖　小さじ2
- にんにく(みじん切り)　½片分

つくり方

1　ぶりはひと口大に切り、薄く小麦粉をふる。れんこんは1cm幅の半月切りにし、軽く水にさらし、キッチンペーパーで水気をふき取る。

2　熱したフライパンにごま油を入れ、1を並べ両面焼く。

3　焼き色がついたらキッチンペーパーで余分な油をふき取り、Aを加えて煮絡める。

4　器に大葉を敷き、3を盛る。

使い切りのアイデア

❶餃子の皮で醤油せんべい

餃子の皮に醤油を薄く塗り、電子レンジで40秒〜1分ほど加熱するだけで、パリパリの醤油せんべいに！　醤油の上にグラニュー糖をかければ、ザラメ風味にもなります。

❷和風パスタは醤油でゆでる

和風パスタを作る場合は塩ではなく、醤油でゆでると風味とうまみがプラスされ絶品に。1.8ℓの熱湯に小さじ2の醤油を入れてパスタは時間通りゆでるだけです。

❸卵黄の醤油漬け

小さなボウルに卵黄を入れ、醤油大さじ½とみりん小さじ½を加えなじませます。ラップをかけて冷蔵庫でひと晩置けば卵黄の醤油漬けの完成。温かいごはんにのせて！

❹にんにく醤油に

醤油100mℓに皮をむいたにんにく1個分を2週間ほど漬けて、にんにく醤油に。にんにくの風味が醤油になじむので、いつもの料理に使うだけでうまみがプラスされます。

【 醤油の種類 】

濃口醤油

明るい赤褐色で香りと味のバランスがよい定番の醤油。つけ、かけ用としての卓上醤油や煮物などの加熱料理にも使える。大豆に同量の小麦を混ぜて造る。

淡口醤油

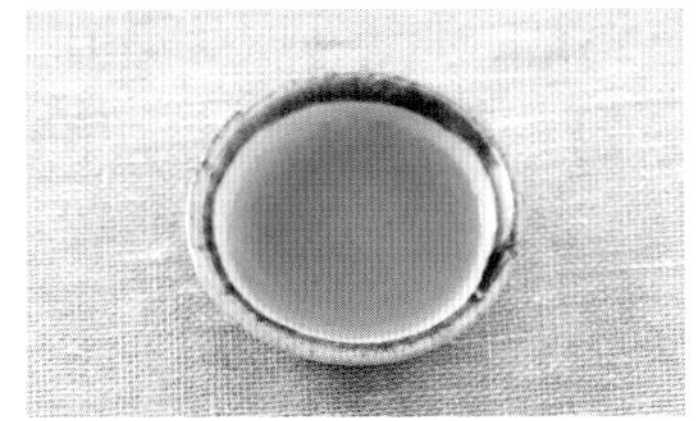

濃口醤油よりも塩分がやや高く、おとなしい香り。「淡口」とは色が淡いという意味で、食材の色を活かした煮物やうどんつゆによく合います。

たまり醤油

ほとんど大豆だけで造られているので、うまみ成分が強く、味と香りが濃厚でコクがある。刺身のつけ醤油や照り焼きなどに使う。主な生産地は中部地方。

再仕込み醤油

色が濃く、味や香りが濃厚。2度醸造するような製法を取っている。卓上醤油として刺身などに使う。発祥は山口県の柳井市。

白醤油

淡口醤油よりも色が薄く、うまみやコクを抑えてある。素材本来の色を活かした料理やうどんの汁、茶碗蒸しなどに使う。主な産地は愛知県の三河地方。

MEMO

醤油のシミには炭酸水

うっかりこぼしてしまった醤油のシミには、炭酸水がおすすめ。炭酸水のはじける泡が汚れを浮かしてくれます。シミの下に汚れてもよいタオルなどを敷き、炭酸水をかけてタオルでポンポンと叩く。これを2～3回ほど繰り返すだけでキレイになります。

酢

酒を発酵させたもの。原料別に味や香りが異なる。
料理の味を上手に引き立てる効果があるので、塩分を控えた料理でも味がぼやけません。
煮込み料理に加えるとコクと甘みが増します。

さわやかな**酸味**で
料理をさっぱり
仕上げる！

保存

蓋をしっかり閉め、常温・冷蔵で保存する

開栓後はしっかりキャップを閉め、温度変化の少ない涼しい場所で常温保存します。酢は殺菌力が強いので開栓後でも常温での保存が可能ですが、気温が高くなる夏場は必ず冷蔵室へ。常に冷蔵で保存をしていたほうがおいしく長持ちします。

開封前	常温
開封後	常温・冷蔵
保存期間（開封後）	常温で6か月 冷蔵で1年

RECIPE

夏野菜の
さっぱり揚げびたし

材料(2人分)

茄子　1本
パプリカ　½個
ズッキーニ　½本
かぼちゃ　80g
いんげん　4本
にんにく　2片
A［めんつゆ(ストレート)　1カップ
　 酢　大さじ1～2

つくり方

1　茄子とパプリカは乱切り、ズッキーニは1cm厚さの輪切り、かぼちゃは1cm幅の薄切り、いんげんはヘタを切り落とす。にんにくは縦半分に切る。
2　揚げ油を170度にしたら、1の野菜を順に揚げる。
3　揚がったものから混ぜ合わせたAに加え、そのまま味が染み込むまで置く。

使い切りのアイデア

❶ハンバーグに

お弁当に入れるハンバーグなどのひき肉料理は、お酢を加えて作ると傷みにくくなります。目安はひき肉150gに小さじ1。ひき肉をこねるときにお酢を加えて焼くだけです。

❷魚を焼くときに

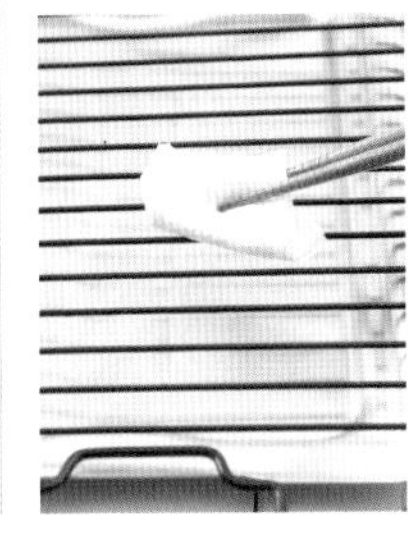

魚を焼くとき、魚焼きグリルの網に酢を塗っておくと、酢が持つたんぱく質の変性作用により魚の皮がくっつきにくくなり、きれいに焼きあがります。使用後の焼き網もきれい。

❸酢キャベツに

保存容器に千切りにしたキャベツ300gと酢100mℓ、塩小さじ½を入れ、冷蔵室で2～3日保存して酢キャベツに。サラダやサンドイッチの具、餃子に添えて。

❹減塩効果に

焼き魚を食べるなら大根おろしに醤油ではなく、酢をかけてみて。酸味が塩味を引き立て、物足りなさをカバーし減塩に。抵抗があれば酢醤油から試してみてください。

【 酢の種類 】

穀物酢

とうもろこしや小麦、米などの穀物が原料で、バランスよくブレンドしたお酢。さっぱりとしたさわやかな酸味が特徴で、幅広い料理に使えてポピュラー。

米酢

穀物酢のうち、米の使用量が一定以上のもの。酸味がまろやかで、米の甘みとコク、うまみが楽しめる。特に和食と相性がよく、すし飯や酢の物などに！

黒酢

おもに玄米を原料とするお酢。黒い色と独特な香り、うまみ成分を豊富に含んだまろやかな味わいが特徴。料理に使うだけでなく、薄めればドリンクにも。

りんご酢

りんごの果汁から造られた、フルーティーでまろやかな風味のお酢。口当たりが軽いので、サワードリンクやドレッシングやマリネにするのがおすすめ。

ワインビネガー

ぶどうの果汁から造られたお酢。香りと酸味が強く、白はサラダやマリネなどのさっぱりとした料理に、赤は肉料理に合わせてコクを楽しむとよい。

MEMO

お酢で作れる！ 環境にやさしいナチュラル洗剤

お酢は酸性なので、除菌・消臭効果があります。水100mℓに対して酢大さじ1をスプレー容器に入れてよく混ぜれば、環境にもやさしいナチュラル洗剤の完成。冷蔵庫内や電子レンジの庫内の掃除に大活躍。お酢は揮発するので、酢のツンとしたニオイは自然となくなります。

みりん

もち米と米麹、アルコールを熟成させて造る「本みりん」はお酒の一種。酒と砂糖で代用できますが、みりんは味が染み込みやすく甘さ控えめ。糖や香料を加え、みりんに似せた「みりん風調味料」もあります。

甘みとうまみを**兼**ね**備**えた**和食**のマストアイテム！

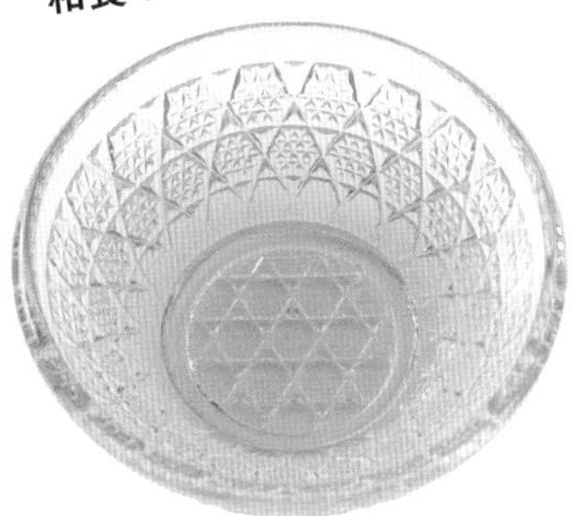

保存

常温で保存する

アルコールが多く含まれる「本みりん」は保存性が高いので、冷暗所で保存します。低温で保存すると糖分が白く結晶化して固まってしまうので、冷蔵室での保存は不向き。「みりん風調味料」はアルコール分1％未満なので、開栓後は必ず冷蔵庫で保存を！

開封前	常温
開封後	本みりん→常温 みりん風調味料→冷蔵
保存期間（開封後）	本みりん→常温で3か月 みりん風調味料→冷蔵で3か月

使い切りのアイデア

❶りんごのコンポートに

鍋に本みりん200㎖とレモン汁大さじ2を加えて弱火で煮立て、くし形に切ったりんごを煮れば、すっきりとした甘さのコンポートが完成します。桃やトマトで作ってもおいしいですよ。

❷古くなったお米が新米に

古くなったお米を炊くときにみりんを隠し味で加えると、みりんがお米をコーティングして新米のようにツヤが出てふっくら。お米2合にみりん大さじ1が目安です。

❸みりんシロップに

小鍋に本みりんを大さじ4入れて半量になるまで煮詰めれば、上品でまろやかな甘みのみりんシロップの完成。ホットケーキやフレンチトースト、ヨーグルトに。

酒

米から造る日本の伝統的なお酒が「日本酒（清酒）」。
「料理酒」との違いは食塩の有無。「料理酒」は、塩を添加して飲めない酒にし、
酒税法の対象外にしたので低価格。料理に合う「料理清酒」もあります。

風味や**香り**を**引き立**て、**料理**の**深**みがUPする！

保存

キャップを閉め常温で保存する

料理に向く「日本酒（清酒）」は純米酒。開栓後はしっかりとキャップを閉め、温度変化の少ない涼しい場所で常温保存します。「料理酒」はうまみ成分のアミノ酸を添加してあるため、直射日光や紫外線に当たると風味を損なってしまうので、開栓後は必ず冷蔵庫へ。

開封前	常温
開封後	日本酒→常温 料理酒→冷蔵
保存期間（開封後）	日本酒→常温で1年 料理酒→冷蔵で6か月

RECIPE

ホットヨーグルト酒

材料(1人分)
プレーンヨーグルト　100㎖
日本酒　100㎖
はちみつ　大さじ1

つくり方
1　耐熱カップに日本酒とはちみつを入れてよく混ぜる。
2　ヨーグルトを加えてひと混ぜし、電子レンジで1分加熱する。
※冷やして飲んでもおいしいです。

使い切りのアイデア

❶ひとり分のチーズフォンデュに

カマンベールチーズは中央に丸く切り込みを入れ、表面の白い部分だけを取り除き、日本酒小さじ1を垂らしてラップをかけずに1分レンジ加熱。お好みの野菜と召し上がれ！

❷カップ麺に

市販のカップ麺に小さじ1～2の日本酒を加えると、日本酒に含まれるうまみやコクで味わいがランクアップ。カップ麺から得られる満足感が格段にアップします。

❸干物に吹きかけて

干物は水分が少なく表面が乾いているので、酒を吹きかけてから焼くと、風味が良くなり、ふんわりと焼きあがります。霧吹きで酒を吹きかけるか、刷毛で薄く塗って。

❹たまご酒に

鍋に日本酒200㎖を入れて中火にかけ、軽く沸騰させアルコールを飛ばす。ボウルに卵1個と砂糖大さじ1と½を入れてよく混ぜ、日本酒を少しずつ注いで混ぜたら完成。

めんつゆ

かつおだしと醤油、みりん、砂糖をベースに作られた調味料。
うどんやそばなどの麺料理全般のつゆに使える他、どんな和食にも応用できる。
そのまま使えるストレート、水で薄める濃縮があります。

どんな**和食**にも**使える万能調味料**!!

保存

開栓後は必ず冷蔵庫で保存する

開栓後はしっかりとキャップを閉め、冷蔵室で保存します。空気に触れると酸化で風味が変わり、雑菌の繁殖にもつながります。濃度で開栓後の保存期間が違うので、早めに使い切れなければ、製氷皿に入れて冷凍しましょう。

開封前	常温
開封後	冷蔵
保存期間（開封後）	ストレート→3日 濃縮タイプ→1か月

RECIPE

揚げだし豆腐

材料（2人分）

木綿豆腐　1丁
片栗粉　適量
しし唐　4本
大根おろし　大さじ2
しょうが（すりおろし）　適量
七味唐辛子　適宜
A ┌水　150mℓ
　└めんつゆ（3倍希釈）　50mℓ

つくり方

1　豆腐は水切りして6等分に切り分け、片栗粉をまぶす。しし唐は包丁で切り込みを入れる。
2　鍋にAを入れて火にかける。
3　170度の油に**1**を入れ、豆腐は3分、しし唐は30秒ほど揚げ、器に盛り**2**をかける。
4　大根おろしとしょうがをのせ、お好みで七味唐辛子を振る。

使い切りのアイデア

❶ドレッシングに

めんつゆ（3倍濃縮）大さじ2に酢大さじ1を基本に、オリーブオイル大さじ1とわさび少量を加えれば和風ドレッシングに！　ごま油大さじ1とにんにくを加えれば韓国風に。

❷冷奴に

醤油の代わりにめんつゆをかければ、かつおだしのうまみが引き立つ冷奴に。揚げ玉や万能ねぎ、七味唐辛子をのせてアレンジを楽しめば、冷奴のマンネリ防止になります。

❸おにぎりに

ボウルにごはん1合と天かす大さじ2〜3、めんつゆ（3倍濃縮）大さじ1、万能ねぎ適量を加えてよく混ぜ、おにぎりにする。食べ始めたら止まらない悪魔のおにぎりの完成です。

❹卵焼き

めんつゆなら卵焼きの味付けがお手軽に。分量の目安は卵1個に対して、めんつゆ（3倍濃縮）と砂糖各小さじ1を合わせて。1個、1、1と覚えておくと簡単です。

ポン酢

柚子やすだち、かぼすなどの柑橘系の果汁に、醤油や酢、だしなどを合わせたもの。柑橘ならではのさわやかな香りと酸味が、どんな料理にも合わせやすく、さっぱりとした味つけに変えてくれる。

さっぱりとした味つけで鍋にマッチする!!

保存

冷蔵庫で保存する

空気に触れると酸化して風味が変わってしまうので、開封後は半開きにならないようにしっかりとキャップを閉め、冷蔵庫で保存します。開封したら、なるべく早めに使い切りましょう。

開封前	常温
開封後	冷蔵
保存期間（開封後）	3～4か月

使い切りのアイデア

❶しょうが焼きに

いつものしょうが焼きをさっぱり味に！　豚肉に片栗粉を薄くまぶし、薄切りにした玉ねぎと一緒に油で炒めたら、ポン酢で煮絡めるだけ。大葉を散らせば、夏向けの炒め物の完成です。

❷チャーハンの味つけに

具材とごはんを炒め、ポン酢と塩・コショウで調味すれば、さっぱりとしたポン酢チャーハンに。ツナやちりめんじゃこなどの具やバターを加えてもおいしいですよ。

❸余り野菜をポン酢漬けに

余り野菜のきゅうりやにんじん、大根を食べやすく切り、ポン酢と一緒にポリ袋に入れて1時間ほど置けば、ポン酢漬けに。あと1品欲しいときの箸休めになります。

すし酢

お酢、砂糖、塩などを合わせた合わせ酢。
温かいごはんと混ぜるだけで簡単に酢飯ができる。
すっきりとした酸味の中に甘みやコクがある。
酢飯だけでなく、酢のものやサラダにも
使うことができます。

これ**1本**で**酢飯**が
カンタンに**作れ**ちゃう！

保存

冷蔵庫で保存する

開栓後でも常温での保存が可能ですが、常に冷蔵で保存をしていたほうが長持ちします。開封後は半開きにならないようにしっかりとキャップを閉めて冷蔵庫で保存し、なるべく早めに使い切りましょう。

開封前	常温
開封後	冷蔵
保存期間（開封後）	6～8か月

使い切りのアイデア

❶ピクルスに

スティック状に切ったパプリカやきゅうり、大根、にんじんをジャムの空き瓶に入れ、すし酢を注いで冷蔵庫にひと晩置けば色鮮やかなピクルスに。ローリエや昆布などを加えても。保存期間は5日。常備菜におすすめ。

❷照り焼きに

すし酢を煮詰めると照り焼き風味の味わいに。鶏肉をひと口大に切って炒め、すし酢で煮絡めればOK。目安は鶏肉1枚にすし酢大さじ4～5。豚肉でもおいしい。

❸納豆に

醤油の代わりにすし酢を加えて混ぜれば、ふわふわとした食感とまろやかな味わいに。付属のからしやねぎを混ぜてもOK。納豆1パックにすし酢小さじ1～2が目安。

マヨネーズ

卵黄、植物油、酢、塩だけで作られた保存料不使用の調味料。
まろやかな酸味とコクで、そのままかけたり混ぜたりして使うだけでなく、
油分が含まれているので炒め物などの油代わりにも使えます。

子供から**大人**まで
みんなが**大好**きな**味**！

保存

キャップを下に冷蔵庫で保存する

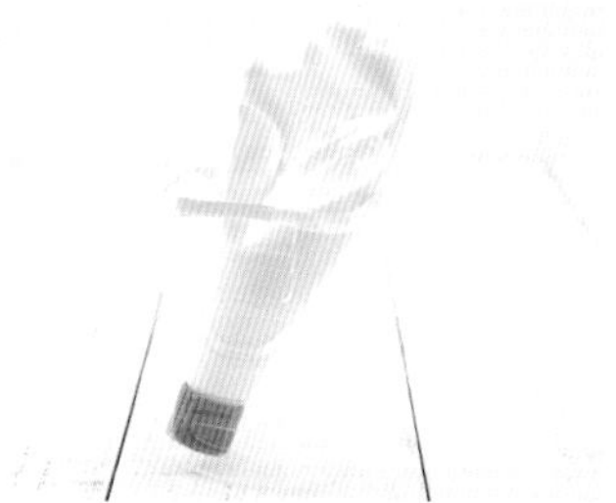

0度以下や冷えすぎた場所に置くと分離するので、開封後はキャップを閉め、冷蔵庫のドアポケットで保存します。逆さにしておくとマヨネーズがキャップ口のほうへ集まるので使いやすい。酢や塩が含まれているのですぐに傷むことはありませんが、早めに使い切るように心がけて。

開封前	常温
開封後	冷蔵
保存期間（開封後）	1～2か月

RECIPE

豚肉のキムマヨ炒め

材料(2人分)
豚こま切れ肉　100g
白菜キムチ　80g
ピーマン(緑・赤)　各1個
玉ねぎ　¼個
にんにく(薄切り)　½片分
ごま油　大さじ1
マヨネーズ　大さじ1
醤油　小さじ½

つくり方
1　ピーマンはヘタと種を取って細切りにし、玉ねぎはくし形に切る。
2　フライパンにごま油とにんにくを入れ中火で熱し、香りが出たら豚肉を入れ、色が変わるまで炒める。
3　1を加えて炒め、野菜に火が通ったら、キムチとマヨネーズ、醤油を加えて炒め合わせる。

使い切りのアイデア

❶ハンバーグダネに

ひき肉に5%のマヨネーズを混ぜ込んでハンバーグダネを作れば、火を通すにつれてかたくなってしまうたんぱく質の結合をソフトにしてくれるので、ジューシーに仕上がります。

❷ホットケーキに

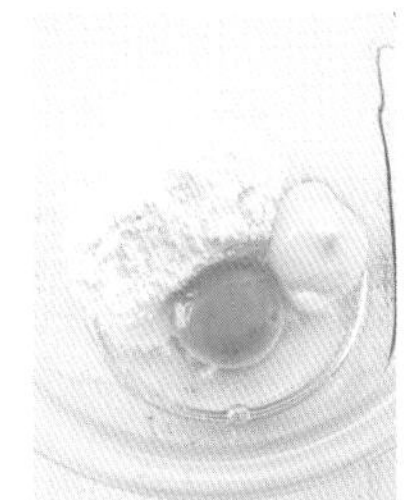

ホットケーキの生地にマヨネーズを混ぜて焼くと、生地が膨らみやすくなるので、ふんわりと仕上がります。ホットケーキミックスの粉150gに対して大さじ1が目安です。

❸チャーハンに

チャーハンを作るときに使うと、ごはん一粒一粒をコーティングしてくれるのでパラッと仕上がります。さらに、マヨネーズを加熱することで、コクやうまみがプラスされます。

❹厚焼き玉子に

卵にマヨネーズを加えて厚焼き玉子にするとふわふわに。冷めても堅くならないので、お弁当におすすめです。目安は卵2個に対してマヨネーズ小さじ1。ぜひお試しを!

トマトケチャップ

ナポリタンなどの洋食メニューで大活躍！

トマトと野菜、砂糖、塩、酢、
スパイス類などを煮込んで作った、
着色料や保存料不使用のソース。
加工用に作られたトマトはリコピンが生食用の2～3倍。
熱にも強いので栄養がたっぷり含まれています。

保存

キャップを上に冷蔵庫で保存する

開栓後はキャップを閉め、冷蔵庫で保存します。容器から出る透明な液体は分離した水分。逆さに保存すると庫内を汚してしまうので、キャップは上にして保存します。酢や塩が含まれているのですぐに傷むことはありませんが、風味は落ちてくるので早めに使い切って。

開封前	常温
開封後	冷蔵
保存期間（開封後）	1～2か月

使い切りのアイデア

❶肉や魚の臭み消しに

トマトケチャップには肉や魚の臭み消し効果があります。例えばハンバーグなどのひき肉料理の下ごしらえや隠し味として加えると、独特の臭みが消え食べやすくなります。

❷味噌汁のだし代わりに

トマトケチャップにはうまみ成分のグルタミン酸がたっぷり。味噌汁を作るときに少量加えれば、だし代わりに。味噌汁以外にも普段作る煮物にも使えるので、ぜひお試しを！

❸ポテトチップスに

トマトケチャップはうまみ成分がたっぷり含まれているので、ポテトチップスのちょい足しにおすすめ。マヨネーズと合わせたオーロラソースもおいしいので味変を楽しんでみて！

ソース

野菜や果物を煮込み、お酢や数種類のスパイスを
加えて作られているので、自然のうまみがたっぷり。
無添加でノンオイル、塩分も控えめ。
定番の中濃、さらさらでスパイシーなウスター、
味わい濃厚なとんかつソースがある。

とんかつやフライ、
お**好**み**焼**きなどでおなじみ！

保存

冷蔵庫で保存する

開栓後は半開きにならないようにしっかりとキャップを閉め、冷蔵庫で保存します。ソースには酢や食塩、スパイスなどが含まれているので保存性は高いのですが、空気に触れ続けることで風味が失われていきます。なるべく早めに使い切りましょう。

開封前	常温
開封後	冷蔵
保存期間（開封後）	ウスター→ 3か月
	中濃・とんかつ→ 2か月

使い切りのアイデア

❶こんにゃく炒めに

ひと口大にちぎったこんにゃく1枚分をサラダ油で炒め、中濃ソース大さじ2～3で調味します。青のりやかつおぶしを振れば、お好み焼き風の味わいになります。マヨネーズをかけて、こってり味にしてもおいしい。

❷カレーライスにかけて

カレーには野菜の味わいが凝縮されたスパイシーなウスターソースがよく合います。かけることでうまみやコクがUP。2杯目を食べるときの味変にもおすすめです。

❸目玉焼きに

朝ごはんの定番といえば目玉焼き。塩や醤油だけでなく、目玉焼きに中濃ソースは相性抜群。目玉焼きと添えている千切りキャベツにかけてみて。

焼肉のタレ

これ1本で、
お**肉料理**がおいしくなる！

醤油をベースに香味野菜や香辛料、
フルーツなどの甘みが
バランスよく配合された調味料。
コチュジャン味、塩ダレなど、バリエーションも豊富。
コクがあるので隠し味にも使えます。

保存

冷蔵庫で保存する

空気に触れると酸化して風味が変わってしまうので、開封後は半開きにならないようにしっかりとキャップを閉め、冷蔵庫で保存します。無添加のものが多いので、開封したらなるべく早めに使い切りましょう。

開封前	常温
開封後	冷蔵
保存期間（開封後）	2～3週間

使い切りのアイデア

❶卵かけごはんに

焼肉のタレで卵かけごはんに。お好みでチーズをのせたり、刻んだ万能ねぎや刻み海苔を散らしたり。焼肉のタレは醤油の代わりに使えるので、納豆にかけてもおいしい。

❷ドレッシングに

焼肉のタレとマヨネーズ各大さじ1を合わせれば、韓国風の万能ドレッシングに。マヨネーズの量を増やせば野菜ディップのソースになりますよ。

❸味玉に

ポリ袋にゆで卵2個と焼肉のタレを大さじ1～2ほど入れ、空気を抜いて袋の口を縛り、半日から一晩冷蔵庫に置く。お酒のおつまみやお弁当のおかずに。

ごまダレ

すりつぶしたごまと油や酢、
砂糖、醤油などを合わせたタレで、
ごまの香りとコクが楽しめる。
サラダにかけたり、鍋料理でつけダレに、
炒め物は最後に使うと風味よく仕上がります。

かけても、**和**えても、**炒**めてもOKの**万能**ダレ！

保存

冷蔵庫で保存する

開栓後はしっかりとキャップを閉め、冷蔵室で保存します。空気に触れると酸化で風味が変わり、雑菌の繁殖にもつながります。開栓したらなるべく早めに使い切りましょう。

開封前	常温
開封後	冷蔵
保存期間（開封後）	1か月

使い切りのアイデア

❶お刺身を和えて

ボウルに刺身を入れてごまダレで和え、ごはんにタレごとのせて。お好みでねぎや大葉、七味唐辛子をのせれば、ごまのコクが味わえる海鮮丼に。刺身50gにごまダレ大さじ1が目安です。

❷野菜炒めに

いつもの野菜炒めの調味にごまダレを使えば、味付けがラク！　タレは最後の仕上げに加えると香りよく仕上がります。にんにくやしょうがを加えてもおいしい。

❸白和えに

白和えの調味は、ごまダレだけでもできます。水切りした豆腐をつぶしてごまダレとよく混ぜ、お好みのゆで野菜を和えるだけ。私のおすすめはブロッコリーです。

和風 ドレッシング

醤油をベースに
うまみがたっぷり詰まった和風味！

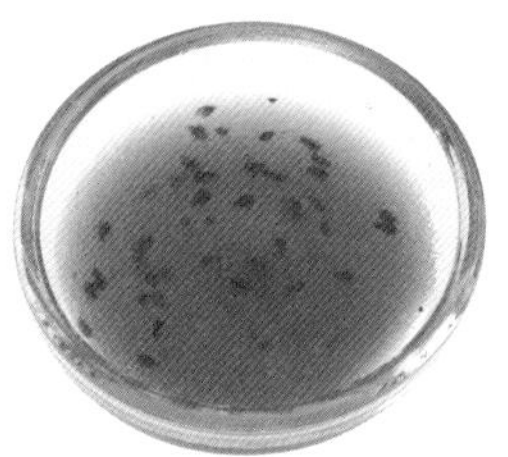

保存

しっかり蓋を閉め冷蔵保存する

開封後はしっかりキャップを閉めて冷蔵保存し、早めに使い切ります。

開封前	常温
開封後	冷蔵
保存期間（開封後）	1か月

使い切りのアイデア

から揚げの下味に

ひと口大に切った鶏もも肉を和風ドレッシングに10分ほど漬け込み、片栗粉をつけて揚げるだけ。和風ドレッシングだけで味が決まります。鶏もも肉1枚に和風ドレッシング大さじ3が目安。

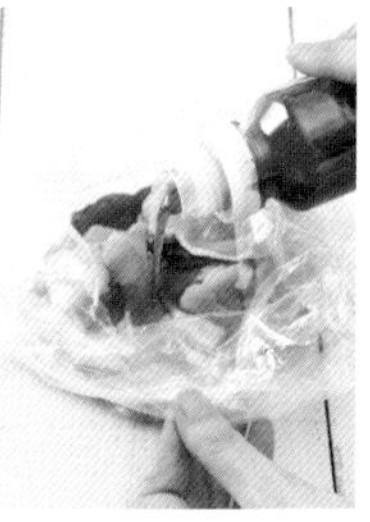

青じそ ドレッシング

大葉を使用したノンオイルドレッシングで、
香りさわやか！

保存

開封後は必ず冷蔵庫で保存する

開封後はしっかりキャップを閉めて冷蔵保存し、早めに使い切ります。

開封前	常温
開封後	冷蔵
保存期間（開封後）	1か月

使い切りのアイデア

おからサラダ

生おからに、塩もみしたきゅうりとかにカマ、青じそドレッシングを加えて混ぜれば、ポテトサラダ風のヘルシーなおからサラダに。生おから100gに青じそドレッシング大さじ2～3が目安。

イタリアン ドレッシング

基本のフレンチドレッシングに
スパイス＆ハーブを効かせたもの。

保存

開封後は必ず冷蔵庫で保存する

開封後はしっかりキャップを閉めて冷蔵保存し、早めに使い切ります。

開封前	常温
開封後	冷蔵
保存期間（開封後）	1か月

使い切りのアイデア

チキンのドレッシング煮

鶏手羽元5本は骨に沿って切り開き、フライパンで軽く焼く。イタリアンドレッシング大さじ3〜4を加え、蓋をして10分煮ればドレッシング煮の完成。酢の効果でお肉がやわらかく仕上がります。

シーザー ドレッシング

にんにくとチーズが効いた、
コクある濃厚ドレッシング！

保存

開封後は必ず冷蔵庫で保存する

開封後はしっかりキャップを閉めて冷蔵保存し、早めに使い切ります。

開封前	常温
開封後	冷蔵
保存期間（開封後）	1か月

使い切りのアイデア

シーザーキャベツピザ

ピザ生地に千切りキャベツとベーコンをのせ、シーザードレッシングをまわしかける。ピザ用チーズを散らしてトースターで加熱すれば完成。シーザーの濃厚なコクが、ピザソース代わりになります。

おろし しょうが

さわやかな香りと辛みで、
殺菌効果や臭み消しにも大活躍！

保存

開封後は必ず冷蔵庫で保存する

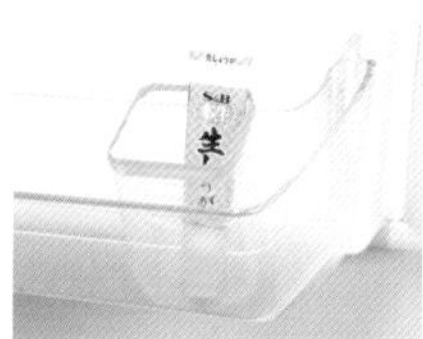

開栓後はしっかりキャップを閉めて冷蔵保存し、早めに使い切ります。

開封前	常温
開封後	冷蔵
保存期間（開封後）	2か月

使い切りのアイデア

ジンジャーハニートーストに

トーストした食パンにバターを塗り、はちみつとおろししょうがを混ぜたものを塗れば完成。しょうがの香りは熱に弱いので、あと塗りすることで爽やかな香りが楽しめます。分量はすべてお好みで！

おろし にんにく

おろしたてのフレッシュな風味の
ワイルドなスタミナ食材！

保存

開封後は必ず冷蔵庫で保存する

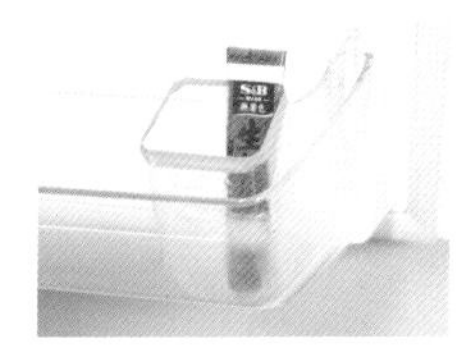

開栓後はしっかりキャップを閉めて冷蔵保存し、早めに使い切ります。

開封前	常温
開封後	冷蔵
保存期間（開封後）	3か月

使い切りのアイデア

カップラーメンに

カップラーメンにおろしにんにくをちょい足しするだけで、ラーメン屋さんのような本格的な味わいに。ちなみに食後にりんごを食べるとにんにくのニオイを分解してくれるので、口臭が和らぎます。

和がらし

とんかつやおでんに欠かせない、
鼻に抜ける強い刺激と辛み！

保存

開封後は必ず冷蔵庫で保存する

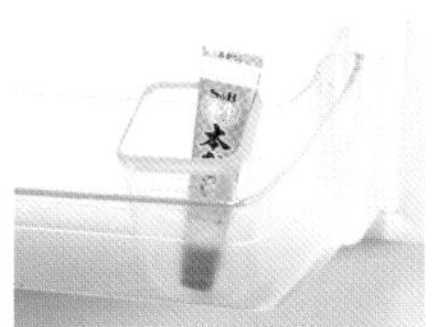

開栓後はしっかりキャップを閉めて冷蔵保存し、早めに使い切ります。

開封前	常温
開封後	冷蔵
保存期間（開封後）	3か月

使い切りのアイデア

お刺身に

お刺身は、わさびの代わりに和がらしでいただいてもおいしいですよ。和がらしは脂っぽさを緩和してくれる働きがあるので、鰹などの脂がのった魚とも相性抜群です。

おろしわさび

和食には欠かせない殺菌効果と、
鼻に抜けるツンとした辛み！

保存

開封後は必ず冷蔵庫で保存する

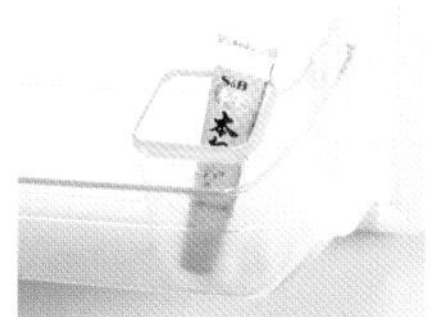

開栓後はしっかりキャップを閉めて冷蔵保存し、早めに使い切ります。

開封前	常温
開封後	冷蔵
保存期間（開封後）	3か月

使い切りのアイデア

バニラアイスに

市販のバニラアイスにわさびをのせ、少量ずつ混ぜながら食べてみて！　アイスの甘さとわさびの辛さが絶妙にマッチし、ちょっぴり大人風味のアイスに変身します。刺身に添えてある小袋でもOK！

Part 1 基本＆おなじみ調味料

オリーブオイル

オリーブの果実を圧搾した植物油。ポリフェノールやビタミンEなどが豊富に含まれています。
「エキストラバージン」、精製オリーブオイルに
バージンオリーブオイルを配合した「ピュア」があります。

オリーブ**果実**の
新鮮な**香**りが**楽**しめる！

保存

栓をしっかり閉め常温で保存する

オリーブオイルは、高温多湿・直射日光を避けて常温で保存しましょう。冬場や5度以下になると白く固まりますが、ぬるま湯につけると元のきれいなオイルに戻り、品質にも問題はありません。開封したらなるべく3か月以内に使い切りましょう。

開封前	常温
開封後	常温
保存期間（開封後）	2～3か月

RECIPE

丸ごとピーマンとしらすのアヒージョ

材料（2人分）

ピーマン　4～5個
しらす　30～50g
赤唐辛子（小口切り）　1本分
バゲット（薄切り）　適量
A ┌ オリーブオイル　200mℓ
　│ にんにく（みじん切り）　2片分
　└ 塩　小さじ⅔

つくり方

1　ピーマンは破裂防止のために、手で軽くつぶす。
2　鍋に1とAを入れて弱火にかけ、ピーマンがしんなりしたら、しらすを加え2分ほど煮る。
3　赤唐辛子を加えてひと煮し、トーストしたバゲットを添える。

使い切りのアイデア

❶蒸しじゃがいもに

じゃがいもを皮ごとラップで包み、電子レンジで3～4分ほど加熱して蒸しじゃがいもに。オリーブオイルをかけ、塩を少量振って食べてみて！　バターの代わりになります。

❷酢の物に

酢の物を作るときに、酢や砂糖と同量のオリーブオイルを加えると、酢のカドを和らげて口当たりをマイルドにしてくれます。酢が苦手な人にも食べやすくなりますよ。

❸グリル野菜に

オリーブオイルは、高温に強いので加熱調理にもおすすめ。好きな野菜に塩を振ってから、オリーブオイルをまぶし、グリルで焼けば、野菜の甘みがしっかりと感じられます。

❹バニラアイスに

バニラアイスにオリーブオイルをまわしかけ、塩を少量ふると、クリーミーで濃厚な高級アイスに変身します。フレッシュな香りが楽しめるエキストラバージンがおすすめです。

サラダ油

どの家庭にも常備してあるポピュラーなオイル！

もともとは、生野菜を使った
サラダ料理に合う食用油として開発されたもので、
菜種や大豆、ひまわりなどを原材料にしている。
クセがないので、炒め物や揚げ物、マリネなど、
幅広い料理に使えます。

保存

常温で保存する

サラダ油は高温多湿・直射日光を避けて常温で保存しましょう。空気に触れると酸化するので、栓をしっかり閉めること。小さめのサイズを購入したほうがおいしく使い切れ、収納スペースも取りません。

開封前	常温
開封後	常温
保存期間（開封後）	2か月

使い切りのアイデア

❶ゆでたパスタに

パスタのゆで上がりにサラダ油を混ぜると、油分が麺をコーティングして、冷めてもくっつきません。目安は2人分のパスタにサラダ油小さじ½。ゆでるお湯に加えてもOKです。

❷フライパンで揚げ焼き

家で唐揚げはちょっとという方でも、フライパンで揚げ焼きにすれば簡単。油の量はたったの1㎝。衣をつけた肉を入れたら極力動かさずに、片面3分ずつ揚げるだけ。

❸クッキー作りに

バターの代わりにサラダ油を使えばサクサクとした食感のクッキーが作れます。目安は小麦粉100gにサラダ油大さじ1。砂糖やココアを適量を加えて作ってみて！

ごま油

ごまを焙煎して絞った油なので香ばしく、
中華や韓国料理には欠かせない。
ごま油100％の「純正」、
大豆や菜種などの油をブレンドした「調整」、
ごまを焙煎していない透明な「太白油」があります。

香ばしいごまの香りがたまりません〜！

保存

蓋をしっかり閉める

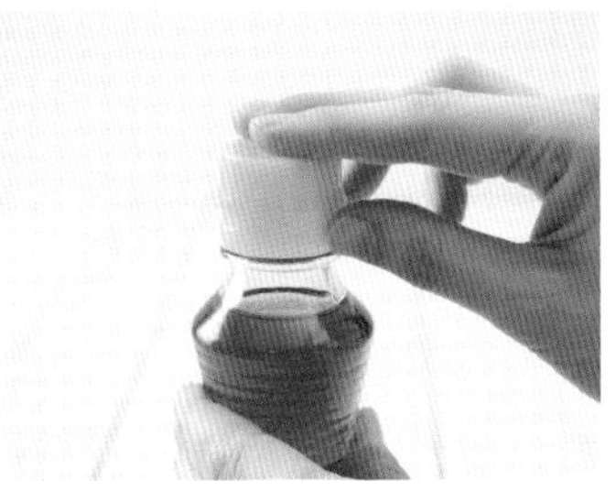

高温多湿・直射日光を避けて常温で保存しましょう。空気に触れると酸化するので、栓をしっかり閉めること。食用油のなかでも酸化しにくい油ですが、正しく保存し早めに使い切りましょう。小さめのサイズを購入したほうがおいしく使い切れます。

開封前	常温
開封後	常温
保存期間（開封後）	2〜3か月

使い切りのアイデア

❶韓国のりに変身

のりの表面に刷毛でごま油を塗り、塩をまんべんなくふりかけ、フライパンで両面を軽く焼いてから食べやすい大きさに切れば、自家製韓国のりの完成です。お酒のおつまみにもなりますよ。

❷そうめんのつけダレに

めんつゆにごま油をまわしかけ、そうめんのつけダレに。ごまの風味がしっかり香るので、いつものそうめんがワンランクアップ！ねぎや卵黄を加えてもおいしい。

❸揚げ物に

家庭では揚げ物にサラダ油を使うのが一般的ですが、サラダ油7：ごま油3の割合にすると香ばしさとうまみが深まります。ごま油は劣化しにくく揚げ油も長持ち。

column

1

覚えておきたい

料理の「さしすせそ」

覚えておくと便利なのが、和食の味つけの基本「さしすせそ」。和食の基本となる5つの調味料、砂糖、塩、酢、醤油（せうゆ）、味噌から、1文字ずつ取って覚えやすくした言葉です。例えば煮物などをおいしく仕上げるためには、「さしすせそ」の順番に味をしみこませるとよいと言われていて、砂糖は素材にしみこみにくく、塩などを先に入れてしまうと甘みがつきにくくなってしまいます。醤油や味噌は、加熱すると香りが飛びやすいので、風味を活かすために最後に加えます。理由も覚えておくと、日々の食事作りに役立ちます。

Part 2

料理の幅がグンと広がる！

「あると便利な調味料とハーブ＆スパイス」

柚子胡椒

九州生まれで、柚子の表皮を細かく刻み、唐辛子と塩をすり合わせた薬味。
鍋料理の他、醤油や味噌などの和風調味料と相性抜群。
加熱する場合は、仕上がり直前に加えると風味がキープできます。

柚子のさわやかな**香り**に
ピリッとした**辛み**が**魅力**!

保存

蓋をしっかり閉め
冷蔵・冷凍保存する

開封後はおいしさを保つために冷蔵もしくは冷凍で保存しましょう。柚子胡椒は冷凍しても凍らないので、出せばそのまま使え品質も保てます。しっかり蓋をして空気にふれないようにし、取り出すときは新しい箸やスプーンですくって清潔に保ちましょう。

開封前	常温
開封後	冷蔵・冷凍
保存期間(開封後)	冷蔵で3か月
	冷凍で2年

RECIPE

鶏手羽先の柚子胡椒焼き

材料（2人分）
鶏手羽先　4本
塩　少々
柚子胡椒　適量

つくり方
1　鶏手羽先に軽く塩をふる。
2　温めた魚焼きグリルに1を並べ、中火で7〜8分ほど焼く。
3　柚子胡椒をたっぷり塗り、中火のまま、もう2分ほど焼く。

使い切りのアイデア

❶バゲットに塗って

オリーブオイルに柚子胡椒を適量加えてよく混ぜ、薄切りにしたバゲットに塗る。トースターで加熱すれば、おつまみに。オリーブオイルをバターに替えてもおいしいですよ。

❷和風カルパッチョに

薄切りにした刺身に柚子胡椒を適量塗って、塩少々とごま油をまわしかければ、和風カルパッチョの完成。脂ののったぶりの他、鯛などのさっぱりとした白身魚にも合います。

❸鶏団子に

鍋料理に加えるいつもの鶏団子に柚子胡椒を練り混ぜてみて。肉団子を噛むたびに柚子胡椒の風味とさわやかな刺激が楽しめ、スープにもピリッとした辛みがいきわたります。

❹大根おろしに混ぜて

大根おろしに柚子胡椒を混ぜてポン酢を垂らし、厚焼き玉子や焼き魚、唐揚げなどに添えて。大根おろしのあっさり味に柚子胡椒の辛みが加わり、さわやかさが楽しめます。

塩麹

食塩・米麹・水が原料の発酵調味料。
塩味に甘みやうまみ、麹のほのかな香りが加わるので、料理の仕上げ調味料としても活躍。
酵素の働きにより、塩麹に肉や魚を漬けるとやわらかくなります。

定番調味料としてもすっかり**定着**しました！

保存

蓋をしっかり閉め冷蔵・冷凍保存する

開封後はおいしさを保つために冷蔵もしくは冷凍で保存しましょう。発酵が進んでしまうので、使用後はすぐに蓋を閉めること。そして、すぐに冷蔵庫に戻し入れましょう。瓶詰のものは取り出すときは新しい箸やスプーンですくって清潔に保ちましょう。

開封前	常温
開封後	冷蔵・冷凍
保存期間（開封後）	冷蔵で2か月 冷凍で6か月

RECIPE

塩麹のポトフ

材料（2人分）
キャベツ　¼個
玉ねぎ　½個
じゃがいも　2個
にんじん　½本
ソーセージ　4本
A［水　600mℓ
　塩麹　大さじ2

つくり方
1　キャベツと玉ねぎは芯をつけたまま くし形、じゃがいもは皮をむき、にんじんは縦半分に切る。
2　鍋に1とソーセージを敷き詰め、Aを注いで火にかける。沸騰したら蓋をして、弱火で20分ほど煮る。

使い切りのアイデア

❶そぼろの調味に

熱したフライパンにひき肉と塩麹を入れて炒め、塩麹そぼろにするのもおすすめ。目安は、ひき肉100gに塩麹小さじ2。おにぎりやオムレツの具、そぼろあんとしても使えます。

❷ごはんを炊くときに

お米を炊くときに塩麹を隠し味で加えると、ごはんの甘みがぐっと増し、麹のほのかな発酵の香りが加わっておいしくなります。お米2〜3合に、塩麹小さじ1が目安です。

❸塩麹じゃがバターに

蒸したじゃがいもに十字の切り目を入れて、塩麹とバターをトッピングすれば、屋台に負けないおいしいじゃがバターになります。塩麹バターはパンに塗ってもおいしい。

❹唐揚げの調味に

塩麹だけで味付けした唐揚げもジューシーでおいしいですよ。ひと口大に切った鶏もも肉1枚分に塩麹大さじ1が目安。15分ほど漬けこんだら、片栗粉をまぶして揚げるだけ。

白だし

だし汁の上品な香りにうまみをきかせた、
薄色仕立ての和風液体調味料。
透き通った黄金色ですが、
塩味はしっかりついているので、薄めて使用します。
色をつけたくない料理にもおすすめです。

濃厚なだしの**風味**で
これ**1本**で**味**が**決**まる!

保存

冷蔵庫で保存する

開封後はしっかりとキャップを閉め、冷蔵庫で保存します。空気に触れると酸化で風味が変わり、雑菌の繁殖にもつながります。なるべく早めに使い切りましょう。だしが沈殿することがありますが、品質には問題ありません。

開封前	常温
開封後	冷蔵
保存期間(開封後)	1か月

使い切りのアイデア

❶お吸い物に

白だしにお湯を注げば、だしの風味が香るお吸い物に。1人分の目安は白だし小さじ2に、お湯150㎖です。具材は、温泉卵やはんぺんなど、火を通さなくても食べられるものがおすすめです。

❷浅漬けに

ポリ袋にざく切りにしたキャベツ¼個分を入れ、白だし大さじ2～3を加えて空気を抜き10分漬ければ、うまみたっぷりの浅漬けに。どんな野菜でも作れます。

❸おでんに

寒い日に食べたいおでん。白だしベースのスープに、練り物と野菜のうまみがよく合います。割合の目安は水8:白だし1。じっくり煮込んで召し上がれ。

ごま

「いりごま」とは生のごまを煎ったもの。
「いりごま」をすったものが「すりごま」で、すりつぶすことで香りを引き出します。
白ごまは控えめな味わいでほのかな甘み、黒ごまは香りとコクが強い。

小粒ながら**強**い**存在感**の**香**りと**栄養豊富**な**名脇役**！

保存

密閉容器に入れ替える

開封後は密閉できる容器や袋に入れ替えて、日の当たらない涼しい場所で保存します。湿気を帯びると香りや粒々感が弱くなるので、軽く煎りなおすとよい。「すりごま」は「いりごま」に比べて酸化しやすいので、早めに使い切りましょう。

開封前	常温
開封後	常温・冷蔵
保存期間（開封後）	いりごま→2～3か月
	すりごま→1か月

使い切りのアイデア

❶焼きそばに

ソース焼きそばを食べるときの仕上げに黒すりごまを加えると、麺に黒ごまのコクと香りが絡んで、いつもとは違う味わいに。たっぷり加えたほうがおいしいので、1人分で大さじ2が目安です。

❷バナナジュースに

ミキサーにバナナ1本と牛乳180㎖、プレーンヨーグルトと黒すりごまを各大さじ3ずつを加えて撹拌すれば、健康的なバナナジュースの完成。豆乳でもOK。

❸ポテトサラダに

いつものポテトサラダにすりごまを加えれば、ごまの風味やコクが楽しめます。いりごまなら軽く煎りなおして加えると香りよく、プチッとした食感も楽しめます。

ねりごま

煎ったごまを油が出るまですりつぶし、
ペースト状にしたもの！

保存

開封後は蓋をしっかり閉め、常温で保存する

開封後は常温保存。冷蔵保存は温度差で結露が生じ、カビの原因になります。

開封前	常温
開封後	常温
保存期間（開封後）	3か月

使い切りのアイデア

とんかつソースにねりごま

とんかつソースにねりごまを加えて混ぜると、ごま本来の濃厚なコクが楽しめ、お店で出てくるような本格的な味わいに。白でも黒でもどちらでもOK。ソース1：ねりごま1が目安です。

さんしょう

うなぎには欠かせない、
柑橘系のさわやかな風味を添えてくれます！

保存

開栓後は必ず冷蔵庫で保存する

開封後はしっかりキャップを閉めて冷蔵保存し、早めに使い切りましょう。

開封前	常温
開封後	冷蔵
保存期間（開封後）	6か月

使い切りのアイデア

カルボナーラに

カルボナーラを食べるときに、黒こしょうの代わりにさんしょうをかけると、柑橘系のさわやかな風味にピリッとした辛さが加わり、スパイシーなカルボナーラが楽しめますよ！　おすすめです。

一味＆七味唐辛子

ピリッとした**刺激**と**赤**い**色**が**食欲**をそそる!!

唐辛子を乾燥させて粉末にしたものを「一味唐辛子」、
ここにごまなどの7種の原料を
混ぜ合わせたものを「七味唐辛子」といいます。
「一味」は辛くしたいとき、
「七味」は風味や香りをよくしたいときに。

保存

冷蔵庫で保存する

高温多湿や光に弱く、常温で保存していると色や香りが飛んでしまいます。開封後は空気に触れさせないようにしっかりと密閉し、冷蔵庫で保存しましょう。七味は一味に比べて酸化しやすいので、なるべく早めに使い切りましょう。

開封前	常温
開封後	冷蔵
保存期間（開封後）	一味→ 1年
	七味→ 6か月

使い切りのアイデア

❶タバスコ代わりに

一味や七味の辛さは、ピザやグラタン、クリームパスタなどの洋食にもよく合います。なめらかなチーズにも和風の唐辛子のピリッとした辛さは相性抜群なので、タバスコの代わりにかけてみて。

❷たまごかけごはんに

ごはんに溶き卵と醤油を加えてよく混ぜ、小口切りにした万能ねぎを散らし、七味唐辛子をふる。ピリッとした辛みと7つの原料の風味が、アクセントになります。

❸から揚げの衣に

ひと口大に切った鶏もも肉に、いつもの下味をつけ、片栗粉や小麦粉などの衣に一味を加えてからまぶして揚げれば、スパイシーな唐揚げに！　量はお好みで！

コチュジャン

うるち米やもち米に麹と唐辛子を合わせた韓国生まれの唐辛子味噌。
糖分が含まれているため焦げやすいので、炒めるときはあとから加えること。
和え物や炒め物、煮物など、どんな料理にも使えます。

濃厚な**甘辛**な**味**わいで**食欲**がUPする！

保存

蓋をしっかり閉め冷蔵・冷凍保存する

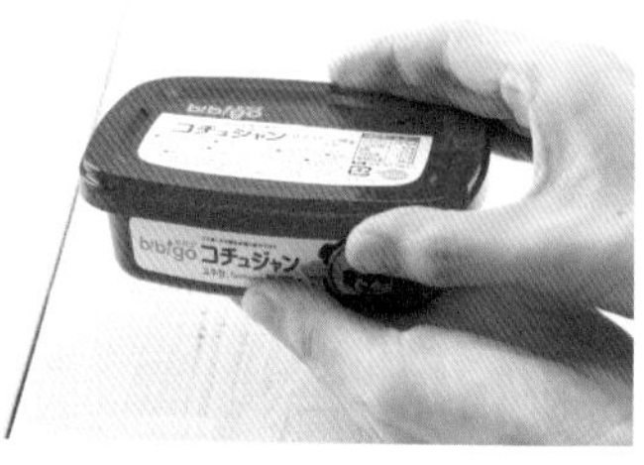

開封後はおいしさを保つために冷蔵もしくは冷凍で保存しましょう。コチュジャンは冷凍しても凍らないので、出せばそのまま使え品質も保てます。表面の乾きと酸化を防止するため、付属のシートは取らずに、しっかり蓋をして空気に触れないようにしましょう。

開封前	冷蔵
開封後	冷蔵・冷凍
保存期間（開封後）	冷蔵で3か月
	冷凍で1年

RECIPE

切り餅のトッポギ風

材料（2人分）

切り餅（縦3等分に切る）　3個
ごま油　小さじ1
白いりごま　適量
A
- 水　大さじ4
- コチュジャン　大さじ1
- はちみつ　大さじ1
- 醤油　小さじ2
- 顆粒和風だし　小さじ½

つくり方

1　フライパンにごま油を入れ中火で熱し、切り餅を離して並べ入れ、軽く両面を焼く。

2　Aを入れ中火のまま2〜3分ほど煮込み、器に盛って白いりごまをふる。

使い切りのアイデア

❶肉じゃがに

いつもの肉じゃがにコチュジャンを少量加えるだけで、韓国風の煮物に変身します。醤油などの調味料を入れるときに加えて煮込むだけ。マイルドな辛さがプラスされます。

❷コチュジャンディップに

味噌大さじ2、砂糖とごま油各小さじ2、コチュジャンと白すりごま各小さじ1、おろしにんにくを少量混ぜ合わせれば、コチュジャンディップに。スティック野菜を添えて！

❸カレーライスに

カレーライスにコチュジャンを加えると、辛さだけではない甘みやコクが加わり、深みのあるおいしさが楽しめます。辛いので少量ずつ混ぜながら試してみて。

❹マヨネーズ炒めに

いつものマヨネーズ炒めにコチュジャンを少量加えて、コチュジャンマヨ炒めにするのはいかが？　コクが深まります。辛さはメーカーによっても違うので入れすぎには注意して。

オイスターソース

広東料理でよく使われるカキを主原料とする調味料のひとつで、日本語では牡蠣油とも。
深いうまみとコクで魚介や野菜のうまみを引き立ててくれます。
中華料理に限らず和食の隠し味にも使える。

カキの**濃厚**なうまみがギュッと**詰**まっている!!

保存

蓋をしっかり閉め冷蔵庫で保存する

開封後はしっかりとキャップを閉めて冷蔵庫で保存し、なるべく早めに使い切りましょう。瓶の底がべたつきやすいので、開封後に使用したら液ダレを拭いて庫内に戻し入れましょう。あらかじめドアポケットにペーパータオルを敷いておくとラクです。

開封前	冷蔵
開封後	冷蔵
保存期間（開封後）	3か月

RECIPE

鶏のオイスター照り焼き

材料（2人分）
鶏もも肉　1枚
オイスターソース　大さじ1と½
水菜（ざく切り）　適量

つくり方
1　ポリ袋に鶏もも肉とオイスターソースを入れてよくもみ、冷蔵庫で3時間以上漬ける。
2　フライパンにクッキングシートを敷き、**1**を入れ中火で両面焼く。
3　鶏肉に火が通ったら食べやすく切って器に盛り、水菜を添える。
※さらに甘さをプラスしたかったら、少量のはちみつを加えてもおいしい。

使い切りのアイデア

❶おでんスープに

オイスターソースとだし汁だけで、おでんスープが作れます。鍋にだし汁800㎖とオイスターソース小さじ2、好きな具材を入れて煮込むだけ。もうおでんの素はいりません。

❷炒め物に

オイスターソースは野菜炒めと相性抜群。おすすめは絹さやと薄切りにしたさつま揚げをごま油とにんにくのみじん切りで炒めてオイスターソースで調味した炒め物。ぜひ！

❸マグロ丼に

器にごはんを盛り、まぐろの刺身をのせ、オイスターソースとごま油小さじ2と醤油小さじ1をよく混ぜ合わせたタレをかけて丼に。オイスターソースのコクと深みが加わります。

❹卵かけごはんに

卵かけごはんにオイスターソースを醤油代わりにかけてみて。カキのコクとうまみがたっぷり加わり、濃厚な味わいの卵かけごはんに。小口切りにした万能ねぎもよく合う。

豆板醤

ピリッと**刺激的**な
中華調味料!!

唐辛子とそら豆、塩を発酵させて作った
中国生まれの塩辛い調味料。
ラー油に比べて風味が少ないので、
シンプルに辛みを足したい料理に少量加えるのがポイント。
最初に炒めることで風味が増します。

保存

蓋をしっかり閉め冷蔵・冷凍保存する

開封後はおいしさを保つために冷蔵もしくは冷凍で保存しましょう。豆板醤は冷凍しても凍らないので、出せばそのまま使え品質も保てます。表面の乾きと酸化を防止するため、しっかり蓋をして空気に触れないようにしましょう。

開封前	常温
開封後	冷蔵・冷凍
保存期間（開封後）	冷蔵で3か月
	冷凍で1年

使い切りのアイデア

❶みたらし団子に

みたらし団子に豆板醤を少量塗って食べると、豆板醤の塩辛さとタレの甘じょっぱさが混じり合って味に深みを加えてくれます。豆板醤は塩辛いので、塗る量は控えめに。

❷ピリ辛ケチャップ炒めに

豆板醤は甘いケチャップとも相性抜群。オリーブオイルでつぶしたにんにくとソーセージを炒め、ケチャップと豆板醤で調味したらピリ辛ケチャップ炒めの完成です！

❸大根おろしに

焼き魚に添える大根おろしに、豆板醤を少量加えてから醤油を垂らしてみて。脂っこさを打ち消して食べやすくしてくれます。塩分が強いので醤油の量は少量で！

テンメンジャン

中華料理には欠かせない赤褐色の甘味噌！

小麦粉から作られた中国生まれの発酵調味料。
濃厚なうまみと甘みが特徴で、
ホイコーローや麻婆豆腐の他、
北京ダックにつける味噌としても有名。
火を通すことで風味が増します。

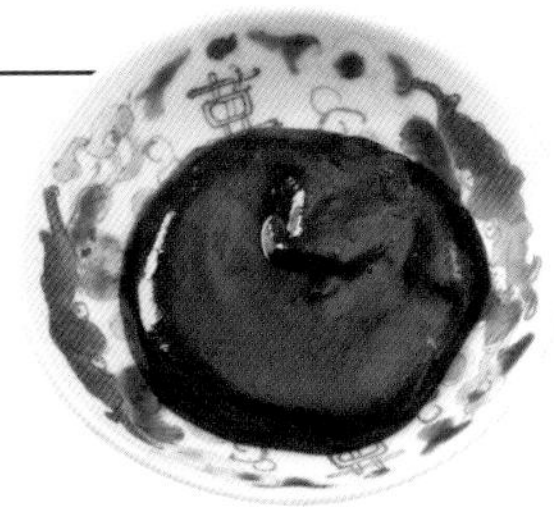

保存

蓋をしっかり閉め
冷蔵・冷凍保存する

開封後はおいしさを保つために冷蔵もしくは冷凍で保存しましょう。テンメンジャンは冷凍しても凍らないので、出せばそのまま使え品質も保てます。表面の乾きと酸化を防止するため、しっかり蓋をして空気に触れないようにしましょう。

開封前	常温
開封後	冷蔵・冷凍
保存期間（開封後）	冷蔵で3か月
	冷凍で1年

使い切りのアイデア

❶なんちゃって北京ダック

食パンにテンメンジャンを薄く塗り、手で細かく裂いた鶏ハムと薄切りにしたきゅうり、白髪ねぎを挟めば、北京ダック風のサンドイッチに。品のいい甘みが楽しめます。

❷厚揚げに

食べやすく切った厚揚げにテンメンジャンをたっぷり塗ってトースターで加熱し、小口切りにした万能ねぎやごまを振れば、香ばしい厚揚げの田楽に！　お酒のおつまみにも。

❸鍋のつけダレに

テンメンジャンは鍋のつけダレとしても楽しめます。鶏だしで煮込んだ肉や野菜を器に取り分けたら、テンメンジャンをかけていただきます。甘味噌が鍋料理にもよく合います。

ラー油

赤唐辛子を植物油の中で加熱して、
辛みと香り成分を移した中国生まれの油のこと。
唐辛子の辛みとごま油の香りが特徴で、
仕上げにかけると風味が増します。
カプサイシンが豊富！

辛さと香りで味が引き立つ
餃子でおなじみの調味料！

保存

蓋をしっかり閉める

高温多湿・直射日光を避けて常温で保存しましょう。空気に触れると酸化するので、栓をしっかり閉めること。ただし、食べるラー油は開封したら冷蔵保存。開封後の保存期間は2か月ですが、なるべく早く食べ切りましょう。

開封前	常温
開封後	常温
保存期間（開封後）	記載の賞味期限内

使い切りのアイデア

❶コーンスープに

市販のコーンクリームスープに、ラー油をちょい足しするのもおすすめ。ごま油の香りと辛さが加わります。量はお好みでOK！　かぼちゃやきのこなどのスープにも合います。

❷ラー油のおにぎりに

ごはんに塩昆布とラー油、白いりごまを混ぜて握り、ラー油風味のおにぎりに。塩昆布のうまみとラー油のピリ辛がごはんによく合います。焼きおにぎりにしても！

❸かけうどんに

かけうどんには七味をかけるのが定番ですが、ラー油をかけてもおいしい。ピリッとした刺激がクセになります。個人的には甘い揚げの入ったきつねうどんにかけるのが好き。

ナンプラー

クセは**強**いけど、**魚介**のうまみたっぷり！

青魚、主にいわしを大量の塩で漬け込んで発酵させ、
熟成させたタイの魚醤。
独特の香りと味、強いうまみがあり、
塩分濃度が高いのでしょっぱい。
なければ塩分濃度の近い日本の淡口醤油で代用可。

保存

冷蔵で保存する

開封後はしっかりキャップを閉めて冷蔵保存します。ナンプラーは空気に触れることで色が黒くなり風味が変わってくるので、開封したらなるべく早めに使い切りましょう。ベトナムの魚醤「ニョクマム」も保存方法は同じです。

開封前	常温
開封後	冷蔵
保存期間（開封後）	2か月

使い切りのアイデア

❶照り焼きの下味に

鶏もも肉1枚分にはちみつ大さじ3、ナンプラー大さじ1を加えて調味し30分置く。クッキングシートを敷いたフライパンで焼けば、アジア風照り焼きの完成です。

❷スープに

顆粒鶏がらスープで作る野菜や卵のスープの調味に、ナンプラーを加えてみて。ナンプラーがやさしく香り、エスニック感が楽しめるスープに。少量でOKですよ。

❸エスニック風の卵焼きに

ボウルに卵3個を割り入れ、ナンプラー小さじ1と小口切りの万能ねぎを適量加えてよく混ぜてから焼けば、エスニック風の卵焼きになります。ひき肉やミニトマト、パクチーを加えても。

スイートチリソース

唐辛子・砂糖・酢・にんにく・塩などで作る、辛みと甘み、酸味のきいたソースの一種。
タイ料理やベトナム料理で用いられ、生春巻きや揚げ春巻きでおなじみ。
レモン汁を加えるとさっぱりします。

甘酸っぱくてほんのり**辛**い
人気のエスニック**調味料**！

保存

蓋をしっかり閉め
冷蔵庫で保存する

開封後はしっかりと蓋を閉めて冷蔵庫で保存し、なるべく早めに使い切りましょう。瓶の底がべたつきやすいので、開封後に使用したら液ダレを拭いて庫内に戻し入れましょう。あらかじめドアポケットにペーパータオルを敷いておくと便利です。

開封前	冷蔵
開封後	冷蔵
保存期間（開封後）	3か月

RECIPE

水切りヨーグルトとトマトのエスニック風カプレーゼ

材料(2人分)
プレーンヨーグルト　100g
トマト　1個
スイートチリソース　適量
パクチー　適宜

つくり方

1　ボウルの上にザルを重ね、キッチンペーパーを2枚敷く。ヨーグルトを入れ、ラップをかぶせ冷蔵庫で1時間ほど置き、水切りヨーグルトを作る。
2　1を楕円形に整えて1cm厚さに切り、トマトは1cm幅の輪切りにする。
3　器に2を交互に盛り、スイートチリソースをまわしかけ、あればパクチーの葉を散らす。

使い切りのアイデア

❶ディップに

マヨネーズ大さじ1とスイートチリソース大さじ1を混ぜて、エスニック風のディップソースに！　サラダはもちろん、ゆでただけの海老や蒸し鶏、魚のソテーにもよく合います。

❷ピザトーストに

ピザ用ソースの代わりに、スイートチリソースをパンに塗ってエスニックトーストに。さらに、薄切りにしたアボカドとチーズをのせてトーストすれば見た目も華やかです。

❸ポテトサラダに

いつものポテトサラダにスイートチリソースを加えるだけで、ピンク色のかわいいポテトサラダに。マヨネーズ1:スイートチリソース1が目安。サンドイッチの具材にしても！

❹冷奴に

豆腐にスイートチリソースをかけて冷奴に。チリソースの辛みがつるんとした絹ごし豆腐によく合います。お好みで刻んだミニトマトやピーナッツ、パクチーを散らして。

カレー粉

カレー料理で使われるミックススパイスのこと。
ターメリック、コリアンダー、クミン、唐辛子など20～30種類ものスパイスやハーブが使われている。塩気はなく、加熱しなくても食べられます。

カレー**粉**の**発祥**は、インドではなく**実**はイギリス!!

保存

蓋をしっかり閉め常温で保存する

カレー粉は保存がきく調味料なので、開封後はしっかり蓋を閉め、温度変化の少ない涼しい場所で常温保存します。気温の上がりやすい夏場は冷蔵庫で保存してもOK。冷凍するなら冷凍用保存袋に入れて空気をしっかり抜くこと。香りも長持ちします。

開封前	常温
開封後	常温・冷蔵・冷凍
保存期間（開封後）	常温・冷蔵→記載の賞味期限内 冷凍→1年

RECIPE

はんぺんの
カレーマヨ炒め

材料（2人分）
はんぺん　1枚（100g）
絹さや　6枚
マヨネーズ　大さじ1
カレー粉　小さじ½
塩・こしょう　各少々

つくり方
1　はんぺんは、乱切りにする。絹さやは筋を取り、斜め半分に切る。
2　フライパンにマヨネーズを入れ熱し、1を加え中火で炒める。
3　はんぺんに焼き色がついたらカレー粉をふり、塩・こしょうで味を調える。

使い切りのアイデア

❶かば焼き缶に

そのまま食べると生臭さが気になる、いわしやさんまなどのかば焼きの缶詰。カレー粉を適量ふるだけで臭みが消えて風味が増し、缶詰とは思えない味に。魚嫌いのお子様にもおすすめです。

❷カレー塩に

コンビニやお惣菜店で購入した唐揚げやてんぷらにカレー塩をふれば、スパイシーな風味でいつもとはひと味違う一品に。カレー塩は、塩小さじ1にカレー粉⅓が目安。

❸残ったクリームシチューに

前日の残りのクリームシチューにカレー粉を適量ふれば、ほんのりとカレー風味がプラスされるので、おいしい変化が楽しめます。味見をしながら少量ずつ混ぜてみてください。

❹和食にちょい足し

カレー粉は和食とも好相性。いつもの肉じゃがやきんぴらを作るときに、なんだかマンネリだなって感じたら、カレー粉をちょい足ししてみて。ごはんにも合います。

バルサミコ酢

煮詰めるだけで高級レストランの味に！

ぶどうを長期熟成させて作るので芳醇な香り。
ワインビネガーとは製法が違い、
長期熟成しているバルサミコ酢のほうが味わい深く濃厚。
熟成年数が浅いと酸味は強いが、
煮詰めればまろやかになります。

保存

冷蔵庫で保存する

酢は殺菌力が強いので開封後でも常温での保存が可能ですが、常に冷蔵で保存をしていたほうがおいしく長持ちします。常温で保存する場合は、風通しの良い涼しい場所で。ただし、高温多湿に弱いので夏場は必ず冷蔵庫で保存しましょう。

開封前	常温
開封後	常温&冷蔵
保存期間（開封後）	常温で1年 冷蔵で2年

使い切りのアイデア

❶バニラアイスに

フライパンにバルサミコ酢を入れ、とろみが出るまで加熱しバニラアイスにかける。とろみのあるバルサミコ酢ならそのままかけてもOK。はちみつで甘みを足して。

❷いちごのマリネに

ポリ袋に砂糖大さじ2とバルサミコ酢大さじ1、食べやすく切ったイチゴ200gを加えてなじませ、冷蔵庫で2時間ほど置く。アイスやヨーグルト、パンケーキに添えて。

❸炭酸水で割って

バルサミコ酢を炭酸水で割って、少量のはちみつを加えてドリンクに。甘いサイダーで割ってもおいしいですよ。炭酸水やサイダー200mℓに、小さじ2〜3のバルサミコ酢を混ぜるのが目安です。

マスタード

辛さ控えめ煮詰めるだけで
高級レストランの味に！

からしに酢などを混ぜて作られた洋がらしのことで、
辛さが控えめで味わいがさわやか。
ペースト状のものは、種の皮を取り除いているので
口あたり滑らか。
粒入りのものは種の食感が楽しめる。

保存

冷蔵庫で保存する

開封後はしっかりキャップを閉め、冷蔵庫で保存します。マスタードには酢が含まれているので保存性は高いのですが、なるべく早めに使い切りましょう。粒入りのマスタードより、ペースト状のディジョンマスタードのほうが長持ちします。

開封前	常温
開封後	冷蔵
保存期間（開封後）	粒入り→ 2か月
	粒なし→ 3か月

使い切りのアイデア

❶トマトソースに

手作りのトマトソースに隠し味で粒マスタードを加えると、やさしい酸味が加わり、さわやかなトマトソースに。パスタはもちろん、ポークソテーや魚のグリルにもよく合いますよ。

❷サンドイッチに

サンドイッチを作るときは、やわらかくしたバターにマスタードを混ぜてパンに塗ってみて。具材はキュウリやハムなどのシンプルなものでOK。さわやかさがUP！

❸ハニーマスタードソースに

粒マスタード大さじ1、はちみつとマヨネーズを各小さじ1、醤油小さじ⅓を混ぜ合わせれば、ハニーマスタードソースに。鶏ハムやローストビーフにおすすめ。

粉チーズ

プロセスチーズを乾燥させて
粉末にしたもの。

保存

蓋をしっかり閉め常温で保存する

湿気や温度差を嫌うので常温の涼しい場所に置きます。小分け冷凍も便利。

開封前	常温
開封後	常温・冷凍
保存期間（開封後）	常温→1か月　冷凍→3か月

使い切りのアイデア

焼きおにぎりに

ごはん1合に粉チーズ大さじ1、醤油小さじ1、かつおぶし1袋を加えて混ぜ、おにぎりにする。薄くサラダ油を敷いたフライパンで両面焼けば、コクのある焼きおにぎりの完成です！

タバスコ

唐辛子をベースにした
アメリカ生まれの辛いソース！

保存

蓋をしっかり閉め常温で保存する

腐敗しにくいので、常温の涼しい場所に置き、早めに使い切ります。

開封前	常温
開封後	常温
保存期間（開封後）	3か月

使い切りのアイデア

餃子に

餃子の辛みといえばラー油ですが、タバスコもマッチします。酢醤油やポン酢にタバスコを加えたつけダレも試してみてください。ラー油とはまた違ったパンチが加わりますよ。

こしょう

黒こしょうは未熟な実を皮付きのまま
乾燥させたもので、強い香りと辛みが特徴。
白こしょうは完熟させた実の
皮を取り除いて乾燥させたもので、
香りと辛みは黒こしょうに比べてマイルドです。

ピリッとした**刺激**と
さわやかな**香り**！

保存

常温で保存する

開封後は空気に触れさせないようにしっかりと密閉し、日の当たらない涼しい場所で保存します。こしょうは「光・熱・湿気」に弱いので、気温が上がる季節は冷蔵庫で保存を。時間の経過とともに香りが弱くなるので、なるべく早めに使い切ります。

開封前	常温
開封後	常温・冷蔵
保存期間（開封後）	粒状→ 3年
	粉末状→ 2年

使い切りのアイデア

❶ココアに黒こしょう

甘いココアに黒こしょうをたっぷりとふっていただくと、甘みが引き立ち、ピリッとした辛みが加わるので、スパイシーな一杯に。一度飲むとクセになるおいしさですよ。色々なドリンクで試してみて。

❷ヨーグルトに黒こしょう

プレーンヨーグルトにはちみつを加えたら、黒こしょうを適量ふって食べてみて。ピリッとした辛みでヨーグルトの味が引き締まります。バナナを加えてもOK！

❸浅漬けに

きゅうりや白菜などの浅漬けを器に盛り付けたら、ごま油をまわしかけ、こしょうをたっぷりふれば、ピリッとした味わいで、お酒にもよく合います。

Herb & Spice Catalog

ハーブ&スパイスカタログ

Herb

ドライバジル

【保存】 6か月

冷蔵庫で保存する

開封後は蓋をしっかり閉め、冷蔵庫で保存する。

使い切りのアイデア

チャーハンに

いつものチャーハンにドライバジルを加えると、さわやかな香りが楽しめます。目安は1人分に小さじ¼。

ローズマリー

【保存】 6か月

冷蔵庫で保存する

開封後は蓋をしっかり閉め、冷蔵庫で保存する。

使い切りのアイデア

トーストに

食パンにローズマリーと塩、オリーブオイルをかけてトーストすれば、フォカッチャ風のトーストに!

ローリエ

【保存】 1~2年

冷蔵・冷凍で保存する

冷蔵・冷凍保存すれば風味が飛びにくく長持ち。

使い切りのアイデア

スパイス白湯に

切り込みを入れた葉を耐熱カップに入れてお湯を注ぎ5分ほど蒸らす。代謝を促してくれる白湯になります。

クレイジーソルト

【保存】 1年

冷蔵庫で保存する

開封後は蓋をしっかり閉め、冷蔵庫で保存する。

使い切りのアイデア

おにぎりに

熱々のごはんにクレイジーソルトとオリーブオイルを適量加えて、ハーブの風味をきかせたおにぎりに！

ナツメグパウダー

【保存】 6か月

冷蔵庫で保存する

開封後は蓋をしっかり閉め、冷蔵庫で保存する。

使い切りのアイデア

ホットココアに

甘いホットココアにナツメグパウダーをひとふり。意外な組み合わせですが、風味も良くなり異国の味わいに。

シナモンパウダー

【保存】 6か月

冷蔵庫で保存する

開封後は蓋をしっかり閉め、冷蔵庫で保存する。

使い切りのアイデア

きなこ餅に

切り餅で作るいつものきなこ餅にシナモンを加えれば、大人の風味とエキゾチックな香りがプラスされます。

クミンシード

【保存】 6か月

冷蔵庫で保存する

開封後は蓋をしっかり閉め、冷蔵庫で保存する。

使い切りのアイデア

野菜炒めに

野菜炒めにクミンをプラスすればエキゾチックな味わいに。油を加熱するときにクミンを加えてみて！

花椒（ホアジャオ）

【保存】 6か月～1年

冷蔵・冷凍で保存する

冷蔵・冷凍保存すれば風味が飛びにくく長持ち。

使い切りのアイデア

からあげに

から揚げの調味に花椒を加えると、ピリッとした大人味に。目安は、鶏もも肉1枚に花椒小さじ½。

column

2

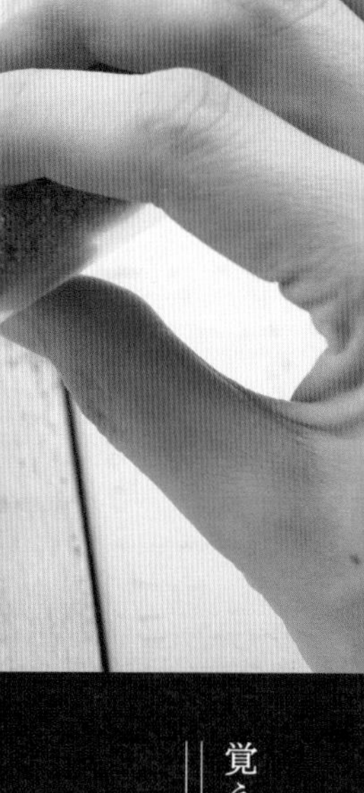

覚えておきたい

ドライハーブ&スパイスの使い方

ドライハーブ&スパイスは、「光」「熱」「湿気」が大敵。湿気を吸って固まるのを防ぐためにも、使用するときは瓶から直接鍋にふり入れるのではなく、皿やスプーン、手などに一度取ってから使いましょう。入れる量を確認できるメリットもあります。いざというときにしっかり香りを生かせるように、使い方には気をつけてください。

保存は蓋をしっかり閉めて直射日光を避け、温度変化の少ない涼しい場所(冷暗所や冷蔵庫)に置きましょう。長期間使用しない場合は、冷凍保存がおすすめです。

Part 3

これだって立派な調味料!?

「その他」

赤しそふりかけ

梅干しと一緒に漬けた赤しそを乾燥させて調味し、ふりかけにしたもの。
鮮やかな色とさわやかな香り、バランスのよい塩けが
白米のおいしさを引き立ててくれます。調味料としても活躍！

赤しそのさわやかな**香り**が
食欲をそそる！

保存

袋をしっかり閉じ
常温で保存する

開封後は色あいや風味が飛びやすいので、空気が入らないように袋のファスナーをしっかり閉じて常温保存し、早めに使い切ります。常温保存でも問題ありませんが、気温が上がる時期は、風味の変化や変色を抑えるために冷蔵庫で保存してもOK。

開封前	常温
開封後	常温
保存期間（開封後）	2か月

RECIPE

赤しそふりかけ豆腐ごはん

材料（2人分）

絹豆腐　½丁
大葉　2枚
ごはん　茶碗2杯分
A［赤しそふりかけ　小さじ2
　 顆粒和風だし　ふたつまみ

つくり方

1　豆腐はしっかり水切りしてAと混ぜ合わせる。
2　ごはんに大葉をのせ、1を半量ずつ盛る。

使い切りのアイデア

❶サラダチキンに

市販のサラダチキンや蒸し鶏などのシンプルな味に飽きたら、赤しそふりかけをふってアレンジ。しっとりとおいしい鶏肉に赤しそふりかけのさわやかな味がマッチ。間違いのないおいしさです。

❷大根の浅漬けに

ポリ袋に食べやすく切った大根と赤しそふりかけを入れ、軽くもんでから冷蔵庫に30分ほど置けば、塩を加えなくてもほどよい味の浅漬けに。キャベツや白菜、かぶ、長芋もおすすめ。

❸ヨーグルトに

ヨーグルトに赤しそふりかけを適量かけて食べてみて。意外な組み合わせですがとってもおいしいですよ。混ぜればブルーベリー色で、香りもとってもいい感じ。はちみつを加えても！

❹パスタに

ゆでたパスタに、缶汁を切ったツナ缶と赤しそふりかけを加えて和えるだけ。お好みでマヨネーズを混ぜたり、仕上げにねぎを散らしたり。さっぱりとしたパスタの調味に便利。

塩昆布

千切りにした昆布に醤油の風味、砂糖の甘み、塩味をバランスよく合わせた加工食品。
まろやかな味わいとうまみが人気。スーパーで手軽に買え、
これひとつで簡単に料理の味つけができます。

これひとつで**味付け**ＯＫの
スーパー**調味料**!!

保存

袋をしっかり閉じ、常温で保存する

開封後は空気が入らないように袋をしっかり折り、クリップで留めて保存を。結露による湿気を嫌うので、冷蔵庫での保存はNG。開封後は日の当たらない涼しい場所で常温保存します。

開封前	常温
開封後	常温
保存期間（開封後）	2か月

RECIPE

塩昆布の鯛めし

材料(作りやすい分量)
米　2合
塩昆布　20g
酒　大さじ1
鯛の刺身(さく)　150g
三つ葉　適宜

つくり方
1　米は洗ってザルに上げ、水気を切る。炊飯器に入れて目盛りまで水を注ぎ、塩昆布と酒を加える。
2　鯛の刺身をのせ、蓋をして炊飯ボタンを押す。
3　炊き上がったら鯛をほぐしながら混ぜて器に盛り、あれば三つ葉を飾る。

使い切りのアイデア

❶注ぐだけでスープに

塩昆布ならだしいらず&お湯を注ぐだけでスープになります。カップに塩昆布を2gと好きな具材を入れて150㎖の熱湯を注ぐだけ。梅干しが私のお気に入り。

❷切り干し大根の煮物に

塩昆布だけで懐かしいおふくろの味の煮物に。鍋に水200㎖と塩昆布10g、水で戻した切り干し大根20g、薄切りにしたいんげんやにんじんを適量加えて10分煮るだけ。

❸塩昆布和えに

細切りにしたピーマンをレンジ加熱し、塩昆布、ごま油、白いりごまを加えて和えれば副菜に。お弁当のおかずやお酒のおつまみにもよく合います。いんげんやブロッコリーでもおいしい。

❹山形のだし漬けに

山形のだしは白いごはんにのせて食べる夏の風物詩。茄子やきゅうり、大葉やみょうがなどの夏野菜を粗みじん切りにしたら、刻んだ塩昆布と白だしを合わせるだけで絶品です。

とろろ昆布

豊かな**風味**とふんわり**食感**で
使い**勝手**が**抜群**!!

厳選した昆布を酢に漬けてからブロック状に固め、
断面を薄く糸状に削り取ったもの。
削り昆布ともいう。昆布の豊かな風味と
ふわりとした食感で、食物繊維が豊富。
味つけやだし代わりにも使えます。

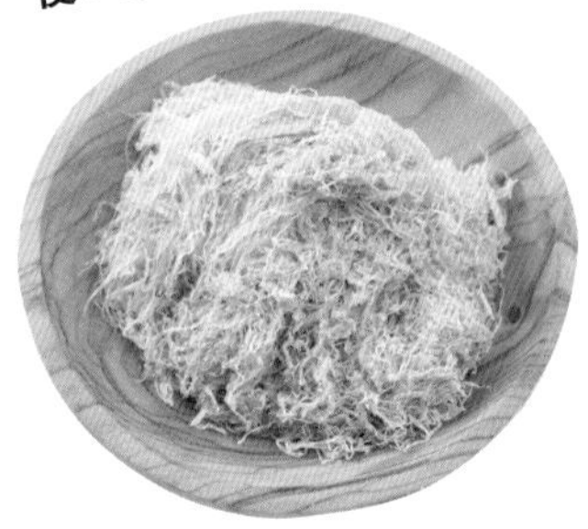

保存

袋をしっかり閉じる

開封後は空気が入らないように袋をしっかり折り、クリップで留めます。結露による湿気を嫌うので、冷蔵庫での保存はNG。日の当たらない涼しい場所で常温保存します。開封すると、昆布に含まれる色素（カロテン）が表面に出てきて赤くなりますが、問題なく食べられます。

開封前	常温
開封後	常温
保存期間（開封後）	2か月

使い切りのアイデア

❶昆布じめ風に

鯛などの白身魚の刺身にポン酢適量を絡めて10分ほど置き、水けを軽く拭き取ったら、ハサミで細かく切ったとろろ昆布をまぶして、昆布じめ風の一品に。お酒のおつまみにおすすめ。

❷注ぐだけでスープに

器にとろろ昆布、ねぎ、白いりごまを適量入れ、お湯を注いで醤油で調味すれば、とろみが絶妙の簡単スープの完成。鍋がなくても作れるし、短時間でできるところも◎。

❸おにぎりに

汁物に加えることの多いとろろ昆布ですが、ごはんに角切りにしたプロセスチーズ、とろろ昆布を各適量混ぜたおにぎりはいかが?うまみと塩気がマッチします。

青のり

海藻を乾燥させて粉状に加工したもの。
鮮やかな緑色と豊かな磯の香りが特徴で、
たこ焼きやお好み焼きなどのトッピングでおなじみ。
料理の風味付けやおはぎなどの
和菓子などにも使われます。

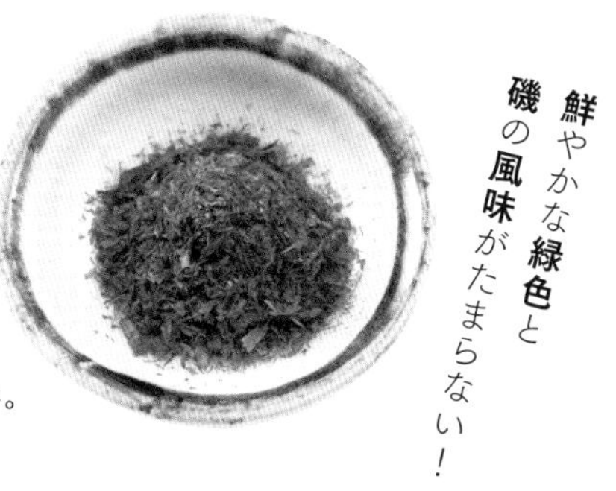

鮮やかな**緑色**と**磯の風味**がたまらない！

保存

冷蔵庫で保存する

青のりは高温多湿や紫外線に弱く、夏場は変色の原因にもなるので開封後の常温保存はNG。水分があまり含まれておらず冷凍しても固まらないので、たまにしか使わないのであれば冷凍が便利。使ったらすぐに冷蔵庫に戻し入れ、しっかり密閉して保存しましょう。

開封前	冷蔵
開封後	冷蔵・冷凍
保存期間（開封後）	冷蔵 1か月
	冷凍 3か月

使い切りのアイデア

❶チキンラーメンに

市販のチキンラーメンに卵を入れてお湯を注ぎ、仕上げに青のりをたっぷり加えて、磯の香りをプラス。シンプルですがかなりおいしいですよ！　さらにバターをのせてコクを出しても◎。

❷こんにゃく炒めに

ちぎったこんにゃくを中濃ソースで炒めて、仕上げにかつおぶしと青のりを散らせば、お好み焼き風の副菜に。ソースの焼けた香りと磯の風味がよく合いますよ！

❸納豆ごはんに

納豆に加えると磯の風味がプラスされるだけでなく栄養価もUP。付属のタレやからし、青のりを混ぜた納豆をごはんにのっけるだけ。たっぷりめにかけるのがコツ。

かつおぶし（削りぶし）

かつおの身を加熱してから乾燥させた日本の保存食品。
かつおぶしを削ったものを「削りぶし」と呼び、
だし以外にも料理に混ぜたり、
仕上げに使ったりと幅広く使える。
豊かな風味とうまみを持っています。

和食には**絶対**に**欠**かせない
日本のソウルフード!!

保存

開封後は冷凍する

削りぶしは風味が飛びやすいので、開封したら常温保存はNG。開封後はしっかりと密封して冷凍保存しましょう。水分がないので凍結することなく、風味をキープできます。1回分ずつ、小分け冷凍しておくといいですよ。一度に使い切れない場合は使い切りサイズを選んで！

開封前	常温
開封後	冷凍
保存期間（開封後）	冷凍 2か月

使い切りのアイデア

❶肉野菜炒めの仕上げに

野菜炒めの仕上げにかつおぶしをかければ、かつおの風味だけでなく驚くほどうまみとコクがUPします。焼きそばやしょうゆや塩味の即席ラーメンなどに合うので、試してみて！

❷巻き寿司に

海苔を内側に巻いて酢めしが外側にくる裏巻き寿司の表面に、かつおぶしをデコレーション。ふわふわとしたかつおぶしをまとうので、見た目も華やかになります。

❸アヒージョに

オリーブオイルにかつおぶしのうまみがたっぷり溶け込んだアヒージョはいかが？いつものアヒージョの仕上げに、かつおぶしをたっぷり加えるだけ！

干し桜えび

桜えびを水揚げ後に天日干しをして
乾燥させたパリパリの食感！

保存

しっかり密閉して冷蔵・冷凍する

常温だと風味が落ちてカビやすいので、しっかり密閉して冷蔵・冷凍します。

開封前	常温
開封後	冷蔵・冷凍
保存期間（開封後）	冷蔵→1か月　冷凍→3か月

使い切りのアイデア

お酒のおつまみに

油揚げに干し桜えびとピザ用チーズを各適量のせ、トースターで焼き色がつくまで加熱します。桜えびの風味が香ばしいサクサク食感のおつまみが完成。仕上げに大葉を散らしてもおいしい。

天かす

天ぷらを揚げたときの揚げカスですが、
油のコク＆食感が楽しめる！

保存

しっかり密閉して冷蔵・冷凍する

空気に触れると油が酸化してくるので、しっかり密封して冷蔵・冷凍します。

開封前	常温
開封後	冷蔵・冷凍
保存期間（開封後）	冷蔵→1週間　冷凍→2か月

使い切りのアイデア

天かすTKGに

温かいごはんに卵を割り入れ、天かすと青のりをのせてめんつゆ（3倍濃縮）をかけただけなのに超おいしい。さらに、ごまやねぎを加えてみて！

顆粒鶏がらスープの素

鶏がらスープを顆粒に加工したもの。
あっさりしているのにコクがある深い味わいで、
水に溶けやすく、スープはもちろん、
炒め物などの調味としても幅広く使えて便利。
調理の時短アイテムです。

あっさりだけどコクがある**調理**の**時短**アイテム!!

保存

袋をしっかり閉じる

吸湿性が高く、湿気ですぐに固まってしまうので開封後は空気が入らないように袋をしっかり折ってクリップで留めるか、乾燥剤と一緒に密閉容器に入れます。冷蔵庫で保存しても大丈夫ですが、庫内のニオイを吸収しやすいので常温保存がおすすめ。

開封前	常温
開封後	常温
保存期間（開封後）	2か月

使い切りのアイデア

❶もやしのナムルに

耐熱ボウルにもやし1袋を入れて3分ほどレンジ加熱し、顆粒鶏がらスープの素大さじ½、ごま油小さじ1を混ぜ合わせれば、韓国風のナムルに。白いりごまやねぎも散らせば風味や色どりがさらにアップ。

❷注ぐだけでスープに

器に顆粒鶏がらスープの素と、かにカマや豆腐、ねぎなどの好きな具材を入れてお湯を注げばお手軽中華スープに。熱湯150㎖にスープの素小さじ1が目安。

❸卵かけごはんに

ごはんに卵を割り入れたら、顆粒鶏がらスープの素を適量ふって混ぜるだけの簡単卵かけごはんもおすすめ。ごま油や黒こしょうを加えてアレンジも楽しんで！

顆粒和風だし

和風だしを顆粒にしたもので、
手軽にうまみをプラスできる！

保存

しっかり
袋を閉じ
常温保存する

袋をしっかり折ってクリップで留めるか、
乾燥剤と一緒に密閉容器に入れます。

開封前	常温
開封後	常温
保存期間（開封後）	2か月

使い切りのアイデア

野菜のだし煮に

ほんだしのHPでも紹介されていますが、顆粒和風だしを使った野菜のだし煮が最高においしいですよ。鍋に200mlの水と顆粒和風だし小さじ2を入れ、好きな野菜を火が通るまで煮るだけ。簡単です。

顆粒コンソメ

肉や香味野菜を煮込んだ洋風スープを
顆粒にしたお手軽だし！

保存

しっかり
袋を閉じ
常温保存する

袋をしっかり折ってクリップで留めるか、
乾燥剤と一緒に密閉容器に入れます。

開封前	常温
開封後	常温
保存期間（開封後）	2か月

使い切りのアイデア

フライドポテトに

揚げたてのフライドポテトに、顆粒コンソメの素をまぶすだけで、コンソメ味のフライドポテトに！　子供のおやつから、大人のビールのおつまみとしても幅広く楽しめて、おいしいですよ。

ザーサイ

からし菜の一種。茎を干して塩漬けし、調味料で漬け込んだもの。
ごま油や香辛料の豊かな香りと、コリコリ食感が特徴。
そのままごはんのおかずや前菜として、または料理の素材としても使えます。

ごはんにもビールにも**合う**
中国のおいしいお**漬物**!!

保存

蓋をしっかり閉め
チルド室で保存する

開封すると細菌が繁殖して傷みやすくなるので、開封後はしっかりと蓋を閉めて、温度の低いチルド室で保存し、早めに食べ切りましょう。取り出すときは新しい箸やスプーンですくって清潔に保つこと。長期間食べない場合は小分け冷凍が便利です。

開封前	冷蔵
開封後	冷蔵・冷凍
保存期間（開封後）	冷蔵 2週間 冷凍 3か月

RECIPE

中華風温奴

材料（2人分）
豆腐（絹）　½丁
ザーサイ　20g
長ねぎ　3㎝
A ┌ 醤油　小さじ1
　│ オイスターソース　小さじ1
　└ ごま油　小さじ½

つくり方
1　豆腐は手で大きく崩して耐熱皿のせ、ふんわりとラップをかけ、電子レンジ（600W）で2分加熱し、水気を切る。
2　ザーサイと長ねぎは粗みじん切りにして合わせて**1**にのせ、**A**をかける。

使い切りのアイデア

❶チャーハンに
ザーサイのコリコリした食感と塩気を活かしてチャーハンに。ごはん茶碗大盛1杯分でみじん切りにしたザーサイ15～20gが目安。卵やねぎと炒めて作ってみてください。

❷ザーサイ茶漬けに

細切りにしたザーサイをごはんにのせて、温めたほうじ茶をかけて、シンプルなザーサイ茶漬けに。ジャスミンティーやウーロン茶の他、暑い日は冷たいお茶をかけた冷やし茶漬けもおすすめです。

❸ザーサイ和えに

きゅうり1本は縦半分に切ってから斜め薄切り、ザーサイ20gは千切りにしてボウルに入れ、ラー油と白いりごまを適量加えて和えれば、中華風の和え物に。ビールにもよく合う。

❹卵焼きに
卵2個にみじん切りにしたザーサイとねぎを加えてごま油を敷いたフライパンで焼けば、ザーサイの塩気を活かした中華風の卵焼きに。お弁当やおつまみにおすすめ。

なめたけ

えのきたけを甘辛い味つけでじっくり煮込んだもの。
ごはんや豆腐にのせてもよし、パスタや野菜と和えてもよし。
えのきのしゃきしゃきとした食感で満足感も得られます。

甘辛い**味付**けでごはんのお**供**にぴったり

保存

蓋をしっかり閉めチルド室で保存する

開封すると細菌が繁殖して傷みやすくなるので、開封後はしっかりと蓋を閉めて、温度の低いチルド室で保存し、早めに食べ切りましょう。取り出すときは新しい箸やスプーンですくって清潔に保つこと。長期間食べない場合は小分け冷凍が便利です。

開封前	冷蔵
開封後	冷蔵・冷凍
保存期間（開封後）	冷蔵 1週間 冷凍 2か月

RECIPE

なめたけチーズのホットサンド

材料（作りやすい分量）
食パン（8枚切り）　2枚
マヨネーズ　適量
スライスチーズ　1枚
なめたけ　大さじ1～2
千切りキャベツ　適量

つくり方
1　パンに薄くマヨネーズを塗る。
2　チーズとなめたけ、キャベツの千切りをのせてもう1枚のパンで挟み、ホットサンドメーカーで焼く。
3　食べやすく切って器に盛る。

使い切りのアイデア

❶注ぐだけでスープに

なめたけをお湯でのばしてスープに。器になめたけ大さじ1とねぎを入れて150mℓの熱湯を注ぐだけ。濃い味が好きなら醤油で味を調えて。すりおろししょうがを加えても◎。

❷炊き込みごはんに

なめたけのうまみを生かした炊き込みごはんはいかが？　お米2合になめたけ100gと顆粒和風だし小さじ1、お好みで刻んだにんじんや油揚げを加えて炊くだけ。簡単ですよ。

❸なめたけあんに

小鍋にだし汁100mℓ、なめたけ30g、みりんと醤油各小さじ2を加え、ひと煮立ちさせて水溶き片栗粉を加えたら、揚げだし豆腐やハンバーグなどにかけてあんかけに。

❹大根おろしと合わせて

なめたけと大根おろしの組み合わせは最強。そのまま食べてもおいしいのですが、ゆで野菜を和えたり、パスタに混ぜ合わせたり。餃子のタレとして添えるのもおすすめです。

海苔の佃煮

海苔を醤油や砂糖などで甘辛く味つけした佃煮で、
磯の香りが楽しめうまみ豊か。
トロリとした食感が白いごはんによく合います。
風味を生かして、料理の調味料としても
使えるので便利です。

食卓にあると
ついごはんが**進**んじゃう！

保存

チルド室で保存する

開封すると細菌が繁殖して傷みやすくなるので、開封後はしっかりと蓋を閉めて、温度の低いチルド室で保存し、早めに食べ切りましょう。取り出すときは新しい箸やスプーンですくって清潔に保つこと。長期間食べない場合は小分け冷凍が便利です。

開封前	常温
開封後	冷蔵・冷凍
保存期間（開封後）	冷蔵 2週間
	冷凍 3か月

使い切りのアイデア

❶ほうれん草の海苔和えに

海苔の佃煮は調味料としても使えるので、ほうれん草や小松菜などの青菜を和えれば、磯の香りが楽しめる和え物に。ゆでた青菜1束分に海苔の佃煮大さじ1が目安です。

❷じゃがバターに

蒸したじゃがいもに海苔の佃煮とバターをのせれば、海苔の佃煮の甘じょっぱい味にバターの濃厚なコクがプラスされ、深みのあるじゃがバターの完成です。

❸サンドイッチに

食パンに海苔の佃煮を薄く塗り、薄切りにしたきゅうりとチーズを挟んでサンドイッチに。パンはそのままでもトーストしてもどちらでもOK。ひと味違う和風サンドイッチになります。

いかの塩辛

いかの身を内臓と一緒に塩漬けして発酵させた、日本に古くから伝わる保存食。
おつまみやごはんのお供が定番ですが、いかのうまみと塩気を活かせば塩辛だけで味が決まるので、調味料としても使えます。

そのまま**酒の肴**やごはんの**お供**に**最高**!!

保存

チルド室で保存する

開封すると熟成が進んで傷みやすくなるので、開封後はしっかりとファスナーや蓋を閉めて、温度の低いチルド室で保存し、早めに食べ切りましょう。取り出すときは新しい箸やスプーンですくって清潔に保つこと。長期間食べない場合は小分け冷凍が便利です。

開封前	冷蔵
開封後	冷蔵・冷凍
保存期間（開封後）	冷蔵 1週間 冷凍 1～2か月

使い切りのアイデア

❶柚子の皮を加えて

そのまま食べてもごはんのお供やお酒のおつまみになりますが、柚子の皮の千切りやすりおろしを加えると、さわやかな香りがプラスされて上品な味わいに。ぜひちょい足ししてみてください。

❷クリームチーズと合わせてディップに

クリームチーズにいかの塩辛を適量混ぜたディップはいかが？　焼いたバゲットやクラッカーを添えれば、ワインにも合うおしゃれなおつまみに変身します。

❸刺身を和えて

刺身をいかの塩辛で和え、お好みですだちを添えて盛り付ければ、ちょっぴりおしゃれな小鉢の完成。塩辛のうまみは、さっぱりとした白身魚とよく合います。

鮭フレーク

脂がのった鮭をじっくり焼き上げ、
風味豊かな味わいに仕上げた身をほぐしたもの。
しっとりとやわらかく、程よい塩加減。
おにぎりの具やパスタやチャーハンなど、
アレンジ次第でいろいろと楽しめます。

しっとりとした**口当**たりで**何杯**でもごはんが**食**べられちゃう！

保存

チルド室で保存する

開封すると細菌が繁殖して傷みやすくなるので、開封後はしっかりと蓋を閉めて、温度の低いチルド室で保存し、早めに食べ切りましょう。取り出すときは新しい箸やスプーンですくって清潔に保つこと。長期間食べない場合は小分け冷凍が便利です。

開封前	常温
開封後	冷蔵・冷凍
保存期間（開封後）	冷蔵 2週間
	冷凍 1～2か月

使い切りのアイデア

❶混ぜごはんに

酢飯に鮭フレークと塩昆布、小口切りにした万能ねぎ、白いりごまを各適量加えて混ぜ合わせれば、彩りきれいな混ぜごはんに。酢飯なのでさっぱりといただけます。

❷マヨトーストに

鮭フレークを使った朝食におすすめのマヨトースト。マヨネーズのコクと鮭フレークの塩気がよく合います。薄切りにした玉ねぎを加えるとボリュームもUP。

❸いつもの和え物に

ほうれん草などの青菜で作るいつものごま和えやマヨ和えに、鮭フレークをプラスすると彩り華やかで、ごはんにもよく合います。鮭フレーク自体に味がついているので、調味料は控えめに。

メープルシロップ

イメージはやっぱり**カナダ**と**パンケーキ**!!

カエデの樹液をじっくり煮詰めて作った、
100％天然の甘味料。
さらりとしていて自然の風味が強くミネラル豊富。
カナダに原料となるサトウカエデの原生林があり、
輸出量は世界1位。

保存

冷蔵庫で保存する

メープルシロップは常温で保存するとカビが生えやすいので、開封後はしっかりと蓋を閉めて冷蔵庫で保存し、なるべく早めに使い切りましょう。冷凍しても凍らないので、長期間使わない場合は冷凍保存が便利です。

開封前	常温
開封後	冷蔵・冷凍
保存期間（開封後）	冷蔵 2か月 冷凍 6か月

使い切りのアイデア

❶かぼちゃの煮物に

耐熱ボウルに角切りにしたかぼちゃ200g、水100mℓ、メープルシロップ大さじ2、醤油とバター各小さじ1を入れて、ふんわりとラップをかけ5分ほどレンジ加熱。洋風の煮物になります！

❷ドレッシングに

白ワインビネガー大さじ4、メープルシロップとオリーブオイル各大さじ2、塩・黒こしょう各適量をよく混ぜ合わせればメープル風味のコクのあるドレッシングに。

❸カマンベールチーズに

食べやすく切ったカマンベールに、メープルシロップをかけてナッツを散らせば、チーズの塩気とメープルシロップのコクのある甘さがよく合うおつまみに！

ジャム

フルーツなどを砂糖と一緒に煮詰めたもので、
砂糖が水分を抱え込んでくれるので腐敗しにくく、長期保存が可能。
味わい深いコクや甘さがある。ジャムとは「ぎっしり詰めこむ」という意味。

さくっと**焼**けたトーストに**果実**のおいしさを**塗**って!

保存

蓋をしっかり閉め冷蔵・冷凍保存する

開封後はしっかりと蓋を閉めて冷蔵庫で保存し、早めに食べ切りましょう。カビが生えやすいので、使ったらすぐに冷蔵庫に戻して。取り出すときは新しいスプーンですくって清潔に保つこと。長期間食べない場合は冷凍が便利ですよ。

開封前	常温
開封後	冷蔵・冷凍
保存期間（開封後）	冷蔵 2週間 冷凍 6か月～1年

RECIPE

カマンベールフライの ジャム添え

材料（2人分）

カマンベールチーズ　1個
パン粉　適量
レタス　適量
好きなジャム　1〜2種類

A
- 卵　1個
- 小麦粉　大さじ2
- 水　大さじ1

つくり方

1　カマンベールを6等分に切る。
2　**1**をよく混ぜ合わせたAにくぐらせ、パン粉をつける。
3　170度の油できつね色になるまで2〜3分ほど揚げる。
4　器にレタスを盛り**3**をのせ、ジャムを添える。

使い切りのアイデア

❶ホイップクリームに

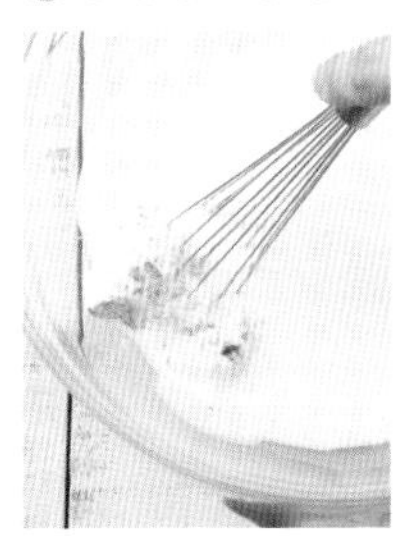

生クリームを泡立てるとき、砂糖の代わりにジャムを加えると、ジャムに含まれるペクチンの効果ですぐに固まるので、手早くホイップクリームができます。いちごならピンク色に。

❷シャーベットに

冷凍用保存袋にプレーンヨーグルト200g、生クリーム100g、好きなジャムを80g加え、手でもみ冷凍する。2時間後に再度もみ、もう1時間冷やせばシャーベットに！

❸豚のしょうが焼きに

豚のしょうが焼きには砂糖やみりんを使いますが、ジャムでもOK！　醤油とマーマレードジャム各大さじ1、酒小さじ1、すりおろしたしょうがを混ぜて肉を漬け込み焼くだけ。

❹ハンバーグソースに

ケチャップやウスターソースなどで作るいつものハンバーグソースの隠し味に、いちごやブルーベリージャムを少量加えると甘酸っぱさが加わり、ソースに深みが出ます。

はちみつ

ミツバチが採集した花の蜜。花の種類によって味や色は様々。
加工が加えられていない純粋はちみつ、色やにおいを抜いた精製はちみつ、
水飴などを加えた加糖はちみつがあります。

砂糖より**甘**みが**強**いのに
うれしい**低**カロリー！

保存

蓋をしっかり閉め
常温で保存する

糖度が高く水分が少ないので細菌やカビが繁殖しにくく、保存性が高い。栓をしっかり閉めて常温で保存します。気温が15〜16度以下になると結晶化しやすくなりますが、固まっても品質には問題ありません。50度前後のお湯で湯煎にかけると元に戻ります。

開封前	常温
開封後	常温
保存期間（開封後）	2年

RECIPE

いんげんの
ハニーポーク巻き

材料(2人分)

豚ロース薄切り肉　4枚
いんげん　16本
塩・こしょう　各少々
小麦粉　適量

A
- 醤油　大さじ1と½
- はちみつ　大さじ1
- 砂糖　小さじ1
- しょうが(すりおろし)　1片分

つくり方

1　豚肉を広げて少し斜めになるように、いんげんを等分にのせてきつめに巻き、塩・こしょうをして、小麦粉を薄くまぶす。

2　耐熱皿に巻き終わりが下になるように1を並べ、混ぜ合わせたAをまわしかける。

3　ふんわりとラップをかけ、電子レンジで5分加熱し、肉にタレを絡めてから器に盛る。

使い切りのアイデア

❶ごはんを炊くときの隠し味

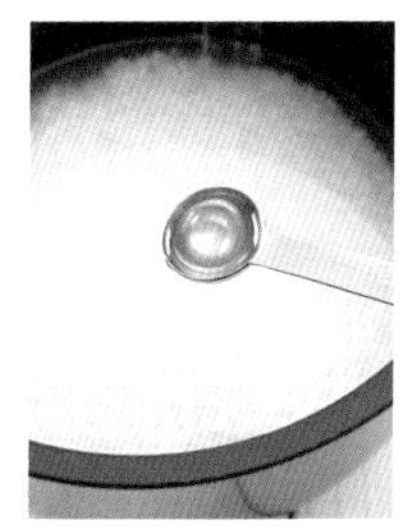

お米を炊くときにはちみつを隠し味で加えると、甘みが出ておいしくなります。また、はちみつには保水効果もあるので冷めてもしっとり。お米2合にはちみつ小さじ1が目安。

❷卵焼きに

砂糖の代わりにはちみつを使って卵焼きに。ふんわりとまろやかな甘さに仕上がります。いつもの砂糖の分量よりも少なめの8割くらいのはちみつに置き換えるだけでOKです。

❸のどの痛みに

角切りにした大根にはちみつを混ぜひと晩置く。そのまま食べるか出た水分をお湯割りで飲めば、のどの痛みが和らぎます。大根のビタミンCは皮の下に豊富にあるので、皮ごとすりおろしてもよいです。

❹コーヒーに

コーヒーにはちみつを加えることでコクが加わり、苦みが和らぐのでまろやかな味わいに。はちみつには、砂糖にない栄養素がたっぷりと含まれているのでおすすめです。

バター

生乳から分離したクリームを練って固めたもの。
食用油脂の中でも消化がよく、効率よくエネルギーに変わる。一般的なのは塩を添加した有塩。
塩を添加しない無塩はバター本来の風味が楽しめます。

濃厚な風味が魅力でパンには欠かせません!

保存

しっかり密閉して冷蔵・冷凍保存する

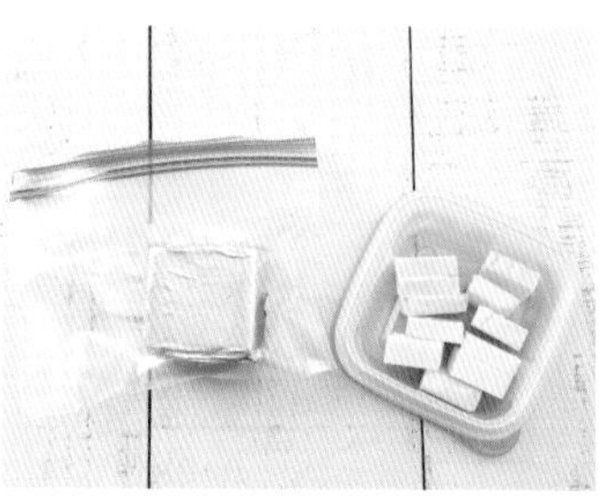

バターは乾燥に弱く、風味も落ちやすいので、開封後はぴったりと包んで冷蔵保存するか、10gずつなど使いやすい量に切って保存容器に入れます。塩が添加されているので、有塩は無塩よりも保存期間が長い。長期間使わないなら冷凍がおすすめです。

開封前	冷蔵
開封後	冷蔵・冷凍
保存期間（開封後）	冷蔵 2か月 冷凍 1年

RECIPE

さつまいもスティック

材料(2人分)

さつまいも　1本
砂糖　大さじ1
シナモン　適量
バター　10～15g

つくり方

1　さつまいもはよく洗い、皮付きのままスティック状に切って水にさらす。
2　170度の油に、水けを拭いた**1**を入れ、3～4分ほどじっくり揚げる。
3　しっかりと油を切ってから砂糖とシナモン、バターを合わせて器に盛る。

使い切りのアイデア

❶さばの味噌煮缶に

耐熱皿にさばの味噌煮缶を缶汁ごと入れ、ふんわりとラップをかけレンジ加熱。仕上げにバターをのせ、小口切りにした万能ねぎと七味唐辛子を散らせば、おいしい缶つまレシピに！

❷カップ麺に

市販のカップ麺にバターをプラス。醤油・味噌・塩・カレーなど、どんな味のラーメンとも相性抜群です。焼きそばにバターを加えて混ぜてもおいしいですよ。試してみて。

❸おしるこに

おしるこにバターを加えた、バターおしるこもおすすめ。こってりとしたバターのコクと塩気が加わり風味もUP。今日だけは、カロリーを気にするのはやめましょう(笑)。

❹ごはんに

アツアツのごはんにバターをのせて醤油をまわしかけて。究極のずぼら飯ですが、後を引くおいしさです。さらに、かつおぶしや海苔の佃煮、明太子をプラスしても!!

練乳

牛乳に糖分を加えて作った、
粘度の高い液状の乳製品!!

保存

しっかり蓋を閉め冷蔵・冷凍する

開封したら冷蔵保存し、早めに食べ切る。凍らないので冷凍もできます。

開封前	常温
開封後	冷蔵・冷凍
保存期間（開封後）	冷蔵→1か月　冷凍→3か月

使い切りのアイデア

いろいろなフルーツに

いちごに練乳が定番ですが、いちご以外のフルーツにも練乳はよく合います。バナナやグレープフルーツ、りんごや梨、キウイやパイナップルなど。好きなフルーツでいろいろ試してみてください。

マーガリン

植物性油脂を原料とした、
バターに似せて作った加工食品！

保存

中のシートは取らずに冷蔵保存する

中のシートは取らずにしっかり蓋をします。スプーンの入れっぱなしはダメ。

開封前	冷蔵
開封後	冷蔵
保存期間（開封後）	1か月

使い切りのアイデア

磯辺餅に

焼いた餅を器に入れ、熱々のうちにマーガリンと砂糖醤油を絡めてから、刻み海苔を散らす。まろやかな甘辛さの磯辺餅が完成です。バターよりあっさり。おいしいので食べすぎに注意（笑）。

クリームチーズ

なめらかで、きめが細かい
フレッシュタイプのチーズです！

保存

しっかり密閉して冷蔵庫で保存

開封するとカビが生えやすいので、しっかり密閉して冷蔵保存します。

開封前	冷蔵
開封後	冷蔵
保存期間（開封後）	1〜2週間

使い切りのアイデア

お酒のおつまみに

クリームチーズに、適量のしば漬けを加えてよく混ぜ、お酒に合うおつまみに。しば漬けの他、海苔の佃煮やキムチ、チャンジャなど、味の濃いものと組み合わせるとお酒が進みます。

ヨーグルト

乳に乳酸菌や酵母を加えて作られた、
腸活にいい乳酸食品！

保存

蓋を閉めチルド室で保存する

開封後は蓋を閉め、乳酸菌の活動がゆるやかになるチルド室で保存します。

開封前	冷蔵
開封後	冷蔵
保存期間（開封後）	4〜5日

使い切りのアイデア

トーストに

食パンに軽く水切りしたヨーグルトをたっぷり塗り、ピザ用チーズをのせトーストする。焼き色がついたら、はちみつかメープルシロップをかけて。シナモンシュガーもおいしいですよ。

【余りがちな小袋調味料レシピ】

納豆のタレ

ほうれん草のおひたし

材料(作りやすい分量)
ほうれん草　½束
納豆のタレ　1袋
かつおぶし　適量

作り方
1　ほうれん草は塩ゆでし、粗熱が取れたら4㎝長さに切って水けを絞る。
2　器に盛り、納豆のタレをかけ、かつおぶしをふる。
※付属のからしを加えると、からし和えになる!

だし巻き卵

材料(作りやすい分量)
卵　2個
納豆のタレ　1袋
サラダ油　少々

作り方
1　ボウルに卵を溶きほぐし、納豆のタレを加えて混ぜる。
2　フライパンにサラダ油を熱して1を注ぎ、卵焼きを作る。

わかめスープ

材料(作りやすい分量)
納豆のタレ　2袋
乾燥わかめ　2g
長ねぎ(粗みじん切り)　大さじ½
白いりごま　少々

作り方
1　器に納豆のタレ、乾燥わかめ、長ねぎ、白いりごまを入れる。
2　熱湯150㎖(分量外)を注いで混ぜる。

【 余りがちな小袋調味料レシピ 】

餃子のタレ

きゅうりの中華漬け

材料(作りやすい分量)
きゅうり　1本
餃子のタレ　1袋
白いりごま　適量

作り方
1　きゅうりは縦半分に切って斜め薄切りにする。
2　ポリ袋に1と餃子のタレを加えて、冷蔵庫で一晩漬ける。
3　器に盛り、白いりごまをふる。

豚肉ともやしの炒め

材料(作りやすい分量)
豚バラ肉　50g
もやし　100g
にんにく(薄切り)　½片
ごま油　小さじ2
餃子のタレ　1袋

作り方
1　豚肉は2cm幅に切る。
2　フライパンにごま油とにんにくを入れ中火で熱し、香りが出たら1を炒める。
3　肉の色が変わったらもやしを加えて炒め合わせ、餃子のタレを加えてひと混ぜする。

揚げ茄子

材料(作りやすい分量)
茄子　1本
餃子のタレ　1袋
万能ねぎ(小口切り)　適量

作り方
1　茄子はひと口大の乱切りにし、170度の油で1分ほど揚げる。
2　ボウルに餃子のタレを入れ、1を加え和える。
3　器に盛り、万能ねぎを散らす。

【余りがちな小袋調味料レシピ】

うなぎのタレ

うなぎのタレでTKG

材料（1人分）
オクラ　2本
卵　1個
ごはん　茶碗1杯
うなぎのタレ　適量

作り方
1　オクラは塩ゆでして小口切りにする。
2　卵は卵白と卵黄を分け、卵白をふわふわに泡立てごはんにのせる。
3　1と卵黄をのせ、うなぎのタレをかける。

ぶりの照り焼き

材料（作りやすい分量）
ぶり　1切れ
小麦粉　適量
サラダ油　小さじ2
さんしょう　適宜
A［うなぎのタレ　小さじ2～3
酒　小さじ1］

作り方
1　ぶりは3～4等分に切って薄く小麦粉をふる。
2　フライパンにサラダ油を入れ中火で熱し、1を焼く。
3　火が通ったらAで調味し、お好みでさんしょうをふる。

ちくわとしし唐の照り焼き

材料（作りやすい分量）
ちくわ　2本
しし唐　6本
ごま油　小さじ1
うなぎのタレ　小さじ2～3

作り方
1　ちくわは斜め4等分に切り、しし唐は竹串で数か所穴をあける。
2　フライパンにごま油を熱して1を炒め、焼き色がついたらうなぎのタレを加えさっと炒め合わせる。

【 余りがちな小袋調味料レシピ 】

焼きそばの粉

焼きそば味の味つけ卵

材料(作りやすい分量)
卵　2個
焼きそばの粉　½袋

作り方
1　卵は丸みのあるほうに画鋲で1か所穴をあけ、熱湯に入れて8分ほどゆで、水にさらして殻をむく。
2　ポリ袋に粗熱が取れた**1**と焼きそばの粉を入れ、空気を抜くように縛り、冷蔵庫でひと晩置く。

ソースから揚げ

材料(作りやすい分量)
鶏もも肉　1枚
A［焼きそばの粉　1袋
　 酒　大さじ1

作り方
1　鶏もも肉はひと口大に切る。
2　ポリ袋に**1**と**A**を入れてよくもみ、20分ほど置く。
3　片栗粉をまぶし、170度の油で4分ほど揚げる。

そばめし風おにぎり

材料(作りやすい分量)
ごはん　1合
焼きそばの粉　½～1袋
青のり　適量
天かす　適量

作り方
ボウルに材料をすべて入れてよく混ぜ合わせ、おにぎりにする。

column

3

「その他の食品もおいしく保存」

調味料だけでなく、その他の食品の保存方法も学んでおきましょう。
たくさんもらったり、一度で使い切れなかったりした場合、
上手に保存できれば、おいしく長持ちするので最後まで使い切れます。

小麦粉＆片栗粉

【保存】

開封前　常温

開封後　常温

【保存期間（開封後）】

2か月

常温で保存する

開封後は密閉容器に移し替えるか、袋ごと容器に入れて常温保存する。冷蔵庫での保存は結露やカビの原因になるのでおすすめしない。

カレールウ

【保存】

開封前　常温

開封後　冷蔵庫

【保存期間（開封後）】

3か月

冷蔵庫で保存する

開封後は密閉容器に入れるか、ラップをしてから保存袋に入れて冷蔵庫へ。冷えると表面が白っぽくなるが、品質に問題はない。

パン粉

【保存】

開封前　常温

開封後　乾燥パン粉　常温
　　　　生パン粉　　冷凍

【保存期間（開封後）】

どちらも1か月

密閉して保存する

開封後の乾燥パン粉は密閉容器に移し替えるか、袋ごと容器に入れて常温保存する。生パン粉は袋ごと冷凍用保存袋に入れて冷凍する。

切り干し大根

【保存】

開封前　常温

開封後　冷蔵・冷凍

【保存期間（開封後）】

冷蔵　2週間／冷凍　1か月

冷蔵庫で保存する

開封後は変色したり、カビが生えたりするので、しっかり密閉して冷蔵保存する。水で戻して使いやすい量に分け、冷凍しても便利。

コーヒー

【保存】

開封前　常温

開封後　冷蔵・冷凍

【保存期間（開封後）】

冷蔵　（豆）1か月、（粉）1〜2週間
冷凍　（豆）6か月、（粉）3か月

密閉して保存する

開封後のコーヒーは風味が飛びやすいので、缶に移し替えるか袋ごと密閉容器に入れて冷蔵保存する。冷凍なら1杯分ずつラップで包み、冷凍用保存袋に入れる。

茶葉

【保存】

開封前　常温

開封後　冷蔵・冷凍

【保存期間（開封後）】

冷蔵　（緑茶）2週間、（紅茶）1か月
冷凍　（緑茶）3か月、（紅茶）6か月

密閉して保存する

開封後の茶葉は風味が飛びやすいので、缶に移し替えるか袋ごと密閉容器に入れて冷蔵保存する。冷凍なら1杯分ずつラップで包み、冷凍用保存袋に入れる。

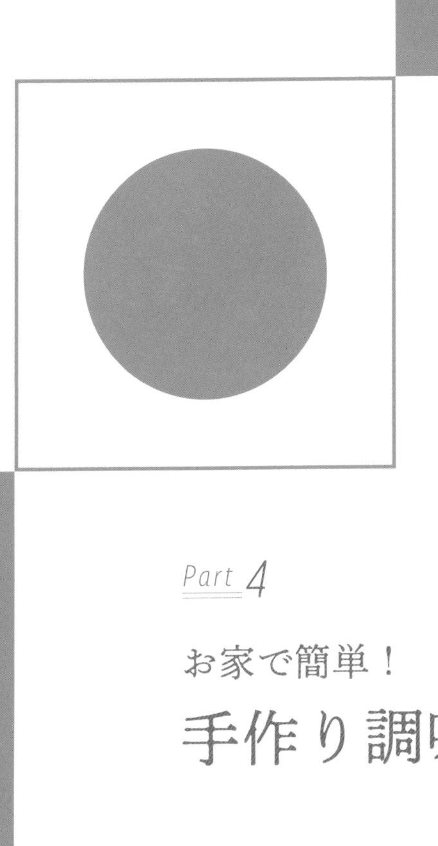

Part 4

お家で簡単！

手作り調味料

トマトケチャップ

保存期間　冷蔵で2週間

材料(つくりやすい分量)

トマトホール缶　1缶
玉ねぎ　½個
酢　小さじ1〜2
A
- 砂糖　小さじ4
- 塩　小さじ1
- にんにく(すりおろし)　½片分
- こしょう　少々
- ローリエ　1枚

つくり方

1　トマト缶の中身とざく切りにした玉ねぎをミキサーに入れて攪拌し、ピューレ状にする。
2　鍋に1とAを入れ中火にかける。煮立ったら火を弱め、混ぜながら20分ほど煮る。
3　火を止め、酢を加えて調味し、粗熱を取る。

ミキサーで攪拌し、なめらかなピューレ状にする。

焦げないように混ぜながら半量になるまで煮詰める。

Arrange Recipe

ポリ袋でオムレツ

材料(1人分)とつくり方

ポリ袋に溶き卵1個、ピザ用チーズ10g、牛乳大さじ1、塩少々を入れ、空気を抜いて袋を縛る。沸騰した鍋の底に耐熱皿を敷き、袋を入れ10分ゆでる。器に盛り、トマトケチャップをかける。

マヨネーズ

保存期間　冷蔵で5日間

材料（つくりやすい分量）
卵黄　2個分
酢　大さじ1
塩　小さじ½
こしょう　少々
サラダ油　150㎖

つくり方
1　卵と酢は常温に戻す。
2　ボウルに卵黄、酢、塩、こしょうを入れて、泡立て器でよく混ぜ合わせる。
3　サラダ油をごく少量から数回に分けて加え、その都度よく混ぜ、白っぽいクリーム状になったら完成。

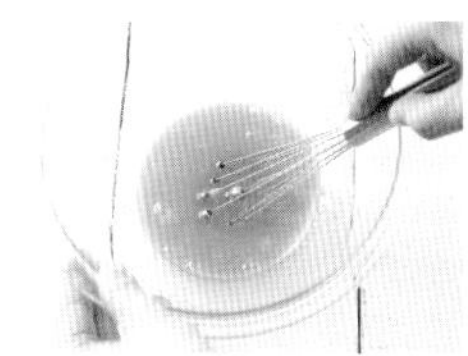
もったりとするまでしっかりと混ぜ合わせる。

油は少しずつ加えることで分離しにくくなる。

Arrange Recipe

シーザーサラダ

材料（2人分）とつくり方
牛乳・オリーブオイル各大さじ2、マヨネーズ・粉チーズ各大さじ1、塩小さじ⅓、すりおろしにんにく少々を混ぜ、シーザードレッシングに。焼いたチキンと野菜を盛り付けたサラダにかけて。

完熟柚子胡椒

保存期間　冷蔵で1か月

材料（つくりやすい分量）
完熟柚子（皮を使用）
　3個
青唐辛子　1本
塩　全体の20％

つくり方
1　完熟柚子と青唐辛子はよく洗って水けを拭きとる。
2　柚子はピーラーで皮をむき、みじん切りにする。青唐辛子はビニール手袋をはめてヘタと種を取り、みじん切りにする。
3　2を合わせた重さの20％の塩を加え、すり鉢でよくすり混ぜる。
※そのままでも、冷蔵庫で1週間ほど熟成させてからでも、どちらもおいしい。

ピーラーを使えば、白いワタが簡単に省けます。

ラー油

保存期間　冷蔵で1か月

材料（つくりやすい分量）
サラダ油　100mℓ
ごま油　大さじ3
赤唐辛子　2～3本
にんにく　1片
しょうが　1片
長ねぎ（青い部分）　1本分
一味唐辛子　小さじ2

つくり方
1　にんにく、しょうがは薄切りにし、長ねぎは2cm長さに切る。赤唐辛子は半分にちぎる。
2　深めのフライパンにサラダ油と1を入れて中火にかけ、香りが出たら弱火にして10分ほどじっくり炒める。
3　ごま油を加えてひと煮し火を止める。
4　耐熱ボウルに一味唐辛子を入れて3を注ぎ、粗熱を取る。

熱々の油をかけて。香味野菜も食べられる。

粒マスタード

保存期間 冷蔵で1か月

材料(つくりやすい分量)
マスタードシード 大さじ3
米酢(白ワインビネガーでも) 50mℓ
はちみつ 小さじ½
塩 小さじ⅓

つくり方
1 煮沸した瓶にマスタードシードと塩を入れて軽く混ぜ、はちみつと酢を入れ、蓋をする。
2 マスタードシードが酢を吸うので、ひたひたになるように米酢を毎日足しながら常温で3日置く。
3 酢が減らなくなったら、冷蔵庫で保存する。

フレンチマスタード

保存期間 冷蔵で2週間

材料(つくりやすい分量)
粉末マスタード 大さじ1
白ワインビネガー(米酢でも) 大さじ2
砂糖 小さじ⅔
塩 小さじ⅓

つくり方
器にすべての材料を入れてよく混ぜる。
※数日置くと辛みと酸味が和らぎ、マイルドになります。

りんご酢

保存期間　冷蔵で6か月

材料(つくりやすい分量)
りんご　1個
砂糖　200g
酢　200mℓ

つくり方
1　りんごはよく洗い、皮ごと縦8等分に切って芯を取り、大きめのいちょう切りにする。
2　煮沸した瓶に、りんご、砂糖、りんご、砂糖の順に交互に入れ、酢を注ぐ。
3　蓋をして、常温に置き、砂糖が溶けるまで1日に1度、瓶をゆすって混ぜる。
4　1か月経ったらりんごを取り出し、冷蔵庫で保存する。

黒酢にんにく

保存期間　冷蔵で6か月

材料(2人分)
にんにく　1玉
黒酢　200mℓ

つくり方
1　にんにくは皮をむく。
1　煮沸した瓶に1と黒酢を入れ、蓋をして常温に置く。1～2日に1度、蓋を開けてガス抜きをする。
1　2週間ほどしてガスが出なくなったら、冷蔵庫で保存する。
※タレとして使うときは3週間後から。にんにくは漬けて4か月すると臭みや辛みが抜けて食べられる。

ミックスきのこのなめたけ風

保存期間　冷蔵で5日

材料（つくりやすい分量）

えのきたけ　100g
しめじ　100g
しいたけ　100g
A
- 醤油　大さじ2
- 砂糖　大さじ2
- 酒　大さじ2
- みりん　大さじ2
- 顆粒和風だし　小さじ⅔

つくり方

1　えのきたけは根元を切って長さを4等分に切ってほぐし、しめじは石づきを取って小房に分け、しいたけは軸を取って薄切りにする。

2　ボウルに1とよく混ぜ合わせたAを入れ、ふんわりとラップをかけ、電子レンジ（600W）で4分加熱する。

3　ひと混ぜしてもう1分加熱する。

破裂しないようにラップはふんわりとかけること。

粗熱が取れたら保存容器に移し冷蔵庫で保存する。

Arrange Recipe

豚しゃぶのなめたけおろし

材料（2人分）とつくり方

沸騰直前の湯でゆでた豚薄切り肉（しゃぶしゃぶ用）100g、なめたけ50g、大根おろし50㎖を器に盛る。なめたけのタレもまわしかけ、万能ねぎを適量散らす。

鮭フレーク

保存期間　冷蔵で5日／冷凍で1か月

材料（つくりやすい分量）
甘口塩鮭　2切れ
白いりごま　適宜
A
- 酒　小さじ2
- みりん　小さじ1
- 塩　小さじ1/3

つくり方
1　鍋に少なめの湯を沸かし、鮭を入れて弱めの中火で5分ほどゆでる。
2　取り出して、箸で皮と骨を外す。
3　フライパンに2を入れて弱めの中火にかけ、木べらでほぐし、ときどき混ぜながら水分を飛ばす。
4　Aを加えて、もう3分ほど煎り、お好みで白いりごまを混ぜる。

鮭のほぐし加減は木べらで調整してください。

海苔の佃煮

保存期間　冷蔵で1週間

材料（つくりやすい分量）

焼き海苔（全型）　5枚

A
- 水　100mℓ
- 醤油　大さじ2
- 砂糖　大さじ2
- みりん　大さじ2
- 顆粒和風だし　小さじ1/3

つくり方

1　鍋にちぎった海苔を入れ、Aを加え10分ほどなじませる。

2　弱火にかけ、時々かき混ぜながら水分がなくなるまで煮絡める。

赤しそふりかけ

保存期間　常温で1か月

材料（つくりやすい分量）

梅干しに入っている赤しそ　適量

塩　適宜

つくり方

1　梅干しに入っている赤しそを取り出し、ペーパータオルに広げてのせ、天日干しする。

2　カラカラになったら、すり鉢かフードプロセッサーなどで細かくする。

3　味を見て、好みで塩を足す。

※密閉容器や密閉袋に乾燥剤と一緒に入れると長持ちする。

ひと目で分かる調味料の収納術

おいしく調味料を保存するためには収納方法にもポイントがあります。
定位置を決め、見やすくて取り出しやすい収納を心がけましょう。

常温

1 透明容器で保存する

片栗粉や小麦粉などの粉物や、乾物、乾燥わかめなどは風通しの良い吊戸棚で保存しましょう。密閉度の高い透明の保存容器を使って、ラベルに中身を書いて貼っておけば、ひと目で中身や残量が分かります。

2 袋ものはクリップで留める

袋ものを開封したら輪ゴムではなく、クリップで留めましょう。輪ゴムで留めてしまうと湿気が入りやすくなり、おいしく保存ができません。両端を三角に折ってから2回折り込み、最後にクリップ留めを！

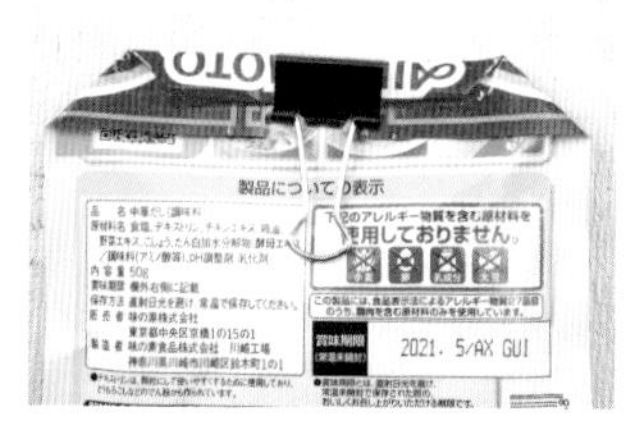

3 塩・砂糖は出しっぱなしでOK!

塩や砂糖は調理のたびに使用するので、カウンター上に出しっぱなしで保存してもOK。容器の色やテイストを一緒にすれば、ごちゃつきません。計量スプーン付属の容器を使うと便利ですよ。

4 シンク下収納はNG!

シンク下に調味料を収納するのは、やめましょう。お湯を使うと排水管を通してシンク下が温められ湿気がこもりがちに。雑菌の繁殖につながるので調味料はもちろん、粉類、お米など、食品全般の保存はNGです。

冷蔵

1 調味料はドアポケットに集中配置

最短で取り出せる調味料はドアポケットに集中配置。あちこち分散させずに、ポケットからあふれるほど買わないようにする！　というルールを決めると管理がしやすくなります。

2 背の高いものは奥へ

ドアポケットで保存する調味料は、背の低いものを手前、背の高いものを奥に置きましょう。ひと目で分かるようになれば探す手間もなくなり、使い忘れを防ぐことができます。

3 チューブはペットボトルに立てる

チューブ調味料の収納におすすめなのが、ペットボトルの空き容器。ペットボトルを切って、切り口にマスキングテープを貼ったものにひとまとめ。使ったら必ず戻す習慣をつけると迷子になりません。

4 小袋調味料はミニポケットに

小袋調味料は、100円ショップに売っているミニポケットを使って収納すれば、他の調味料に埋もれる心配がありません。時短調理アイテムでもあるので、定位置&数量限定で保存して積極的に使いましょう。

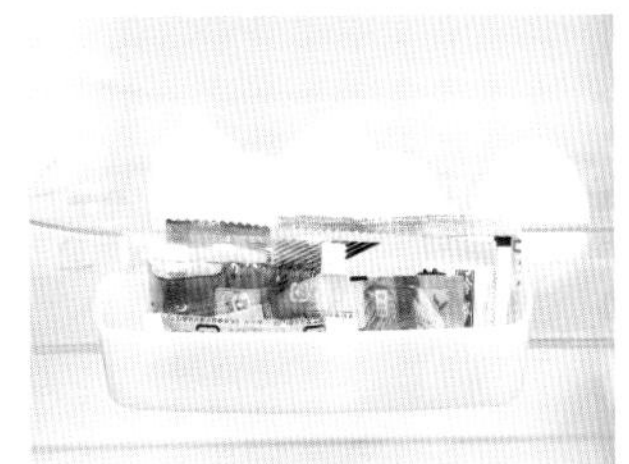

5 使いかけの乾物は冷蔵保存

使いかけの桜えびやかつおぶしなどは、常温保存だと風味が飛んで変色しやすいので冷蔵保存。見えやすいドアポケットにクリップで固定すれば、使い忘れも防げます。

索引（50音順）

島本美由紀
料理研究家・ラク家事アドバイザー。旅先で得たさまざまな感覚を料理や家事のアイデアに活かし、誰もがマネできるカンタンで楽しい暮らしのコツを提案。親しみのある明るい人柄で、テレビや雑誌、講演会を中心に多方面で活躍。『野菜保存のアイデア帖』(パイ インターナショナル) など、著書は60冊を超える。
また、食品ロス削減アドバイザーとしても活動し、家庭で楽しみながらできるエコアイデアを発信している。
http://shimamotomiyuki.com/

調味料保存&使い切りのアイデア帖

2020年6月11日 初版第1刷発行

著者　島本美由紀
写真　安部まゆみ
　　　Shutterstock, Inc. (P6,9)
デザイン　嘉生健一
スタイリング　深川あさり
調理アシスタント　原久美子
校正　佐藤知恵
編集　諸隈宏明

発行人　三芳寛要
発行元　株式会社パイ インターナショナル
〒170-0005　東京都豊島区南大塚2-32-4
TEL　03-3944-3981
FAX　03-5395-4830
sales@pie.co.jp
印刷・製本　図書印刷株式会社

ISBN 978-4-7562-5353-8 C0077
Printed in Japan